Maruoka
Takeshi

(日)丸冈武司

著

吕灵芝

译

末日美食

新星出版社 NEW STAR PRESS

SEKAI NO OWARI NI TABETAI HI-SHOKUZAI 50

©Takeshi Maruoka 2015

First published in Japan in 2015 by KADOKAWA CORPORATION, Tokyo.

Simplified Chinese translation rights arranged with KADOKAWA CORPORATION,

Tokyo through JAPAN UNI AGENCY, INC., Tokyo.

© New Star Press Co., Ltd. 2018

著作版权合同登记号：01-2018-1353

图书在版编目 (CIP) 数据

末日美食 / (日) 丸冈武司著 ; 吕灵芝译. —— 北京:新星出版社, 2018.5

ISBN 978-7-5133-2983-5

Ⅰ. ①末… Ⅱ. ①丸… ②吕… Ⅲ. ①西式菜肴 – 食品 – 原料 Ⅳ. ①TS972.118②TS202.1

中国版本图书馆CIP数据核字(2018)第020168号

末日美食

（日）丸冈武司 著 吕灵芝 译

策 划 编 辑: 东洋
责 任 编 辑: 汪欣
责 任 校 对: 刘义
责 任 印 制: 李珊珊
装 帧 设 计: pod studio

出 版 发 行: 新星出版社
出 版 人: 马汝军
社 址: 北京市西城区车公庄大街丙3号楼 100044
网 址: www.newstarpress.com
电 话: 010-88310888
传 真: 010-65270449
法 律 顾 问: 北京市岳成律师事务所

读 者 服 务: 010-88310811 service@newstarpress.com
邮 购 地 址: 北京市西城区车公庄大街丙3号楼 100044

印 刷: 北京利丰雅高长城印刷有限公司
开 本: 889mm × 1270mm 1/32
印 张: 5.625
字 数: 40千字
版 次: 2018年5月第一版 2018年5月第一次印刷
书 号: ISBN 978-7-5133-2983-5
定 价: 68.00元

前言

大家好！一直承蒙各位的厚爱！我就是"嗨"食材室店长，DRESS TABLE 运营公司的董事长丸冈。

"嗨"食材室是主要经营意大利、法国、西班牙等欧洲美食材料的买手店，奉行只要"美味"的宗旨。回首往昔，我从事电商已经九年了，多亏各位的支持，我们先后被选为乐天市场 2013 年 Shop of the Year（年度店铺）、2014 年肉品果蔬类优秀店铺，同年还获得了美食大赏的奖项。

我们推出的将近 1300 种精选食材并非能吃就行，而是让最怪僻挑剔的味蕾也能满足的顶级货色。因为我本人就是那种对食材相当挑剔的怪人，自认为属于味蕾特别难满足的类型。

这么一个用尽一生寻觅绝品食材的我，以"世界末日前不得不尝的食材"为主题，精心挑选了一批食材汇集在本书中。而且，这不是一本单纯的美食书，还介绍了选择这些食材的理由、食材的料理方法，以及生产者、进口商对食物无尽的热情，带你深入美食的世界。

寻求美味和新刺激的人，不知道该拿什么举办家庭派对和作为伴手礼的人，只想看看好吃的来燃烧斗志的人，如果这本书能帮到你，我将感到非常荣幸。

目录

CHEESE I
奶酪

COLUMN 1

PROSCIUTTO HAM & COLD CUTS
火腿 & 香肠

COLUMN 2
"嗨" 食材室的伙伴们

BUTTER & OLIVE OIL
黄油 & 橄榄油

PASTA
意大利面

TRUFFLE
松露

SEAFOOD
海鲜

PROCESSED AGRICULTURAL FOODS
农产加工品

"嗨"食材室
是梦幻食材收集狂的集团

我出生在一个经营食品生意的家庭，是家里的第四代继承人。虽不知世人对此如何看待，但我们家从父亲那一代开始就做起了面向法国餐厅的进口食品批发业务，因此我早在上初中时便已被叫去做些为生鲜肥肝加真空包装等打下手的工作。那距今已经有二十多年了！

因为这种经历，我自然而然地掌握了判断食材味道优劣的技巧，等我回过神来，已经养成了时刻都想尝试这样东西到底好不好吃的性格。后来我还到欧洲旅居了一段时间，见识了当地原汁原味的美食。

但我大学毕业后并没有继承家业，而是到一家奶酪进口公司就职。那家公司曾经与某高级超市合作过，就在我往卖场上摆放各种好东西时，突然发现了一件事：这里竟然没有专业厨师使用的真正高端食材……

其实，世界上存在着普通消费者很难有机会见到、如同珠玉般稀罕的美味食材。我因为家业而偶然了解到了那种美味，那么，能不能把这种美味分享出去呢？

如果没有人做，那就由我来做。于是，我在2007年独立出来，创办了"嗨"食材室。

　　为什么非得做这个呢？真要列举原因就会没完没了，一整天都说不完。用一句话来概括的话，就是希望传播美味带来的感动和幸福，就是这么简单。一个人即使在心情低落时，吃到好吃的食物也会被打动，在那个瞬间感觉到幸福。我认为，美味的食物不仅能支撑我们的日常生活，甚至能够改变人生。

　　许多没有可参考经营先例的精选品类，以及高级食材店和零售店也难以管理的商品，不仅无法保证稳定供给、保质期极为短暂，还会因为季节和生产者情况的变化而难以保持相同品质。但在这其中，难道不正蕴含着选购的乐趣吗？那是购买稳定供给的商品所不能带来的快乐。

　　我的店开张以后，东西卖得特别好。大家都欢天喜地地来买我的食材。原来，世界上真的还有许多跟我一样的人！

　　一开始我的店铺运营策略是，先不去管客人买还是不买，总之要让他们了解商品。店铺首页上还详细说明了我为什么选择这种食材，心里面想象的是什么样的使用场景，连照片都是我自己拍摄的。

　　　　"嗨"食材室是梦幻食材收集狂的集团

自己想表达的东西就在那里

承蒙大家厚爱，现在公司越做越大，我的社长工作也越来越繁忙。也有人对我说，你这么忙，干脆请别人拍照吧。可是我觉得，自己寻觅到的美味，只有自己才有最殷切的表达欲望，所以商品照片一直都是我在拍摄。

毕竟除了商品以外，我也想珍惜生产者和原材料背后的故事。

有些人不顾能否赚钱，全心全意地投身于制作美味的事业。为了让那些始终坚持食品生产本质的人能在更好的环境中继续工作下去，我希望能把他们的故事诉说给整个世界。

我还想通过照片，把生产者对食品与环境的真诚和热情全都传达出来。让人们看到埋藏在他们心底的，希望所有人享用到美味的那份热忱。

为了让人们开怀地享用每一餐，世界上有了最棒的食材，也有了我们这些人。

我衷心希望美味能带来快乐。只要能得到"笑容"，便能得到"健康"。食，可以调节"健康"与"环境"，让一切都联系起来。那就是我们的梦想，也是我们的目标。

我们做的都是一般商店做不到的事情。喜欢美食、喜欢料理的人心中必然存在着不满足，而我们，就是要去消除那样的不满足。或者说，正因为我们心中也怀有同样的不满足，才更要同心协力，创造一个能让我们满足的环境。经常有人问我，在乐天市场众多店铺中脱颖而出的"成功"诀窍是什么？我觉得，那个答案可能也是一样的。

考虑到这些，我挑选了世界末日前一定要尝一尝的食材，无论何时何地都能让人展露笑颜、感到幸福的食材——希望能让各位读者在阅读时体验到美食带来的愉悦。

　　　　　"嗨"食材室是梦幻食材收集狂的集团

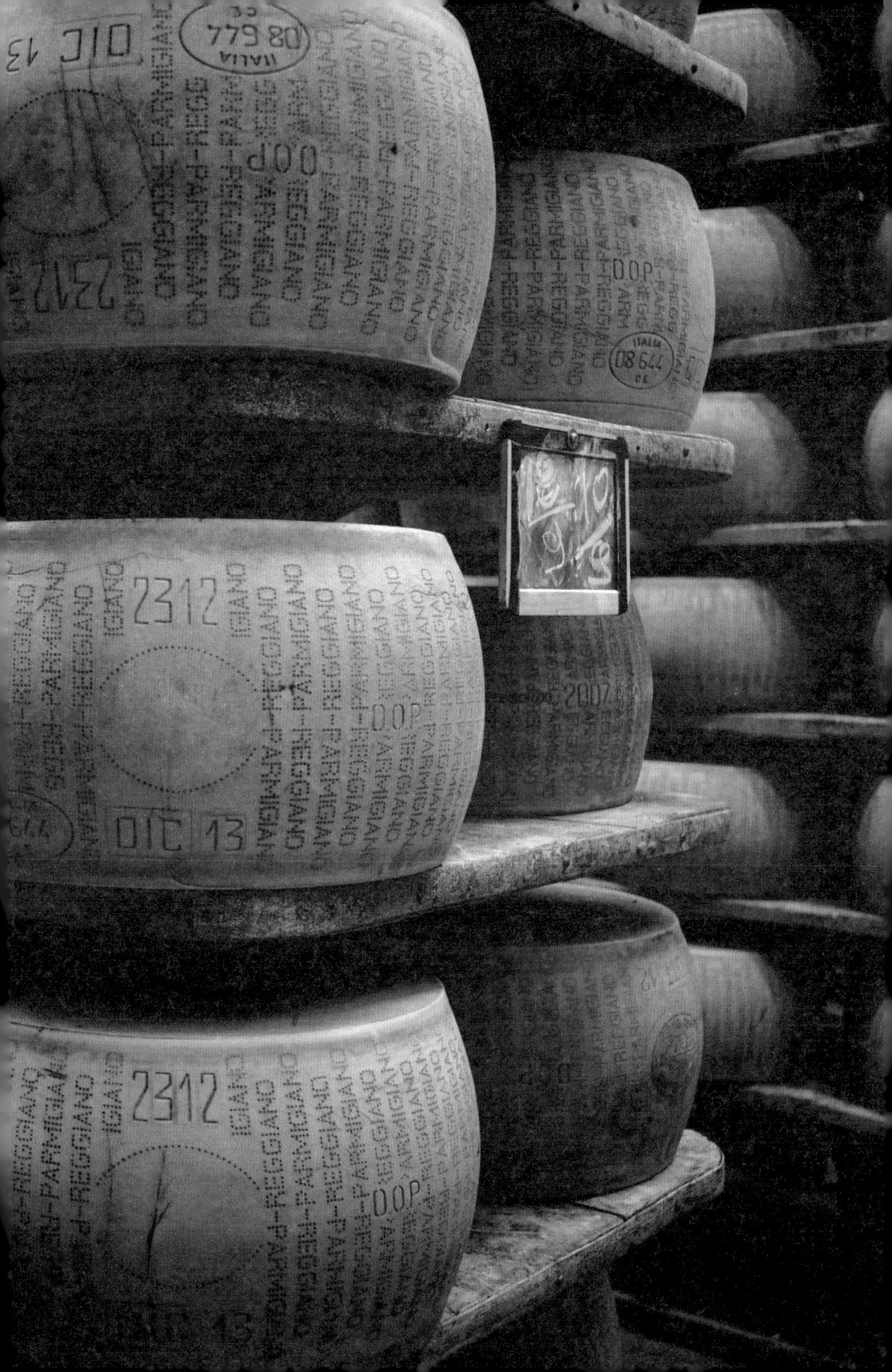
2312
DIC 13
D.O.P
PARMIGIANO-REGGIANO
ITALIA
08 644

CHEESE I

奶酪

我二十几岁时就职的公司是从意大利进口奶酪的贸易公司，因此自认为对奶酪的认知不同于一般人。

于是，我便想借这个机会，把平日里心中的想法书写下来。

这几年兴起了一波意大利美食热潮，最常见的意大利奶酪开始有了稳定的进口货源。为了在奶酪市场搞出一些独特风格，各大进口商开始把手伸向不怎么常见的奶酪。然而，稀罕物自然有其稀罕的理由，几乎所有新鲜种类被引进后又消失得无影无踪，最终只能成为人们偶尔提及的回忆。

本店最畅销的奶酪也都是帕马森和戈贡佐拉这些随处可见的品种。只要东西便宜，买的人就多，销量也就大。畅销固然是好事，但老实说，那并不是我的真正愿望。

这里主要以"这种奶酪可能要火起来了！"这样的商品为中心展开介绍。

我认为，会把此书捧在手上的人，都想寻找些跟别人不太一样的东西，或者最近已经开始对一般奶酪感到有些腻味了。我自己也是。

为了满足这样的奶酪爱好者，我将介绍一些真正地道的意大利奶酪，有让我自己即便面对世界末日也能展露笑颜的用心制品，也有本公司开发的加工奶酪等。相信通过这些介绍，能够让各位的餐桌变得更有趣。

世界知名匠人制作的"当下"的美味奶酪

意大利熟成师们的奶酪

Formaggi Misti dei Maestri di Maturazione

想去挑选，想去尝试，可是，不知道该怎么做……

有这么一种人，专门从奶酪庄园采购奶酪进行熟成工作。他们就是"熟成师"，负责搜寻优质奶酪，并对其进行决定风味的最终加工——熟成。

即使在意大利，熟成师的数量也屈指可数，其中能为星级餐厅提供奶酪的只有这些人！他们分别是在阿尔卑斯山附近的皮埃蒙特拥有熟成工房的奥切利、布拉蒂和吉凡蒂，以及能够制作出我认为真正好吃的帕马森奶酪的热纳里。

他们制作的都是意大利顶级的奶酪：充满个性的蓝纹奶酪（蓝霉的完美纹路无人能敌）、品质精纯的松露奶酪（深深渗透了天然黑松露的清香），同时还复刻了早已无人制作的古典奶酪。

真想从那几百种奶酪中挑选从未见过的美味来下酒！想必并不止我一个人有这样的想法吧。可是种类太多难以挑选，难以挑选就无法尝试。于是我决定，在这里介绍一些日本很难买到的熟成师奶酪，以及四五种"当下"最美味的奶酪。

不过，决定奶酪要怎么切也非常关键。比如帕马森奶酪这种超硬奶酪，可以切成拇指大小的条状嚼着吃。其他的熟成师奶酪也都风味十足，可以切成一厘米长、四毫米厚的小粒含在口中慢慢品尝。这都是我在法国餐厅里学来的吃法。

摆盘过程也乐趣十足。
这些奶酪的风味都很浓郁，
请小口享用。

原产国／意大利
原材料／生乳、食用盐
价格／3300 日元
（4～5 种，约 180g）

Beppino Occelli
奥切利

有些奶酪因为失去了传承者就再也无人制作，而奥切利则走进山村四处搜寻，从老人口中问来了各种早已失传的配方，再现了过去的手艺。同时，他还明言奶酪的美味关键在于原材料的新鲜程度，从牛、羊的饲养到挤奶、加工、熟成全部由他的公司自主进行，汇成了从皮埃蒙特朗格地区的农场，经过溪谷、牧草地再到熟成工房的奥切利银河。在这片大地的自然恩惠中产出的奶酪，是他对故乡和阿尔卑斯地区深切热爱的具象化。他的产品充满了明媚华丽的气息。

Gennari
热纳里

各界都给予极高评价的帕马森奶酪生产者。从双亲那一代起便在牧场饲养奶牛、挤奶，坚持从源头开始进行奶酪制作。目前饲养着 1500 头牛，帕马森的日产量却仅有 40 块左右。这是因为其他公司每生产 1kg 奶酪使用 10L 牛奶，而这里则需要 16L。此外，其他公司早已将生产工具换成不锈钢或塑料材质，这里却依旧使用传统的木制品。一切判断都通过目视、手触，靠匠人独有的感觉来完成。据说这里最为重视的是奶酪的香气。

Eros Buratti
布拉蒂

这是在阿尔卑斯山意大利一侧，自然风光壮美无比
的湖畔小镇经营食材店的一家人。从父亲那里继承
了店铺的布拉蒂对传统工艺制作的当地食材充满热
情，不满足于仅仅进行奶酪甄选，还想亲手制作更
美味的奶酪，因此成了一名熟成师。他在意大利北
部精心挑选了奶酪供货商，在自家熟成工房里进行
加工。店中还有试吃区域，总是充斥着爽朗的大叔
和孩子们。布拉蒂本人则来往于店铺与熟成工房，
向客人们提供满溢着乡情的产品。

Guffanti
吉凡蒂

路易吉·吉凡蒂公司在皮埃蒙特拥有一百三十年以
上的历史，不仅享誉欧洲，还被美国《华尔街日报》
评为世界十大顶级奶酪商之一。他们从意大利全境
严选数百种品质优异的奶酪，在废弃的银矿坑中进
行熟成加工。这里的矿坑全年保持恒定温湿度，让
奶酪能够实现完美熟成，得到最美好的品质。他家
的产品被全世界的高级酒店和一流餐厅指名订购，
是只有少部分人能享用到的梦幻食材。

意大利熟成师们的奶酪

1

2

3

4

5

6

7

1 罗比奥拉三种混合奶酪（Robiola tre Latti）
2 特伦盖蒂特山羊奶酪（Tronchetto di Capra）
3 帕马森奶酪（Parmigiano Reggiano）
4 戈贡佐拉甜味奶酪（Gorgonzola Dolce）
5 朗格产夸德罗塔奶酪（Quadrotta delle Langhe）
6 尼瑞纳奶酪（Nerina）
7 卡蒙贝尔水牛奶酪（Camembert di Bufala）
8 卡塞拉蓝纹奶酪（Blu della Casera）
9 戈贡佐拉辛味奶酪（Gorgonzola Piccante）
10 罗比奥拉栗树叶山羊奶酪
（Robiola di Capra in foglie di castagno）
11 佩科里诺胡桃叶羊奶酪（Pecorino in foglie di noce）
12 唐·卡洛奶酪（Don Carlo）
13 塔列齐奥软奶酪（Taleggio DOP）
14 列布罗奶酪（Reblo Cremoso）
15 托斯卡纳产佩科里诺羊奶酪（Pecorino Toscano）
16 奥切利栗树叶奶酪（Occelli in foglie di castagno）

8

9

10

11

12

13

14

15

16

坎帕尼亚最南端波塞冬的小镇出品

巴洛蒂公司 / 水牛奶酪
Mozzarella di Bufala Campana DOP

海神波塞冬的小镇帕埃斯图姆出产的
水牛奶酪。从水牛交配开始完全自主
运营的生产过程非常罕见。

浓缩当地风味

　　距离日本两天半的旅程，老实说，旅途非常辛苦。可是那里却有能做
出最好水牛奶酪的巴洛蒂公司。

　　去过意大利的人一定知道当地的水牛奶酪与日本销售的水牛奶酪有什
么不同。当地的水牛奶酪纤维强韧，嚼劲十足。

　　那并不是因为产品不一样，而是时间造成的差异。当天生产的水牛奶
酪口感过于强韧，甚至稍显坚硬，但只要放到第二天就成了最棒的美味。
其后，奶酪一天天柔软下来，最后甚至能溶在水中。其原因在于奶中含有
的蛋白质。刚生产出来的奶酪，蛋白质间还处于手牵着手的紧密状态，但
随着时间的变化它们会渐渐把手松开。

　　而巴洛蒂的水牛奶酪一生产出来就火速配送，意味着我们有机会吃到
口感强韧、劲头十足的当地风味。

　　另外，他们还从水牛的饲养着手。水牛交配、饲养、挤奶、制作全部
自主运营，是非常少见的全能型制造商。这可是难能可贵的。

对奶源刨根问底

　　各位平时是怎么挑选水牛奶酪的？清晨刚挤的新鲜牛奶马上被送进工
厂，在中午前进行制作，才会特别新鲜美味……但其实，这是所有制造商
都在采用的做法。并且在水牛奶选用方面，可能不同制造商最终使用的都
是同一农场的牛奶。因为牛奶采购并非与奶牛场直接联系，而是通过水牛
奶协会进行的。

　　说句不知天高地厚的话，从哪里采购牛奶，用那些牛奶制作什么样的水牛奶酪是非常重要的。巴洛蒂对此就十分明确。因为他们是自己养牛，自己挤奶的。而支撑其美味的关键就在于此。

　　他们的奶酪，是名副其实的坎帕尼亚最南端的风味。只以椒盐和橄榄油搭配食用最能凸显出它的美味。在当地，这种奶酪会像炸薯条一样被盛在大盘子里端出来。一个人不小心就吃完了一大盘哦。

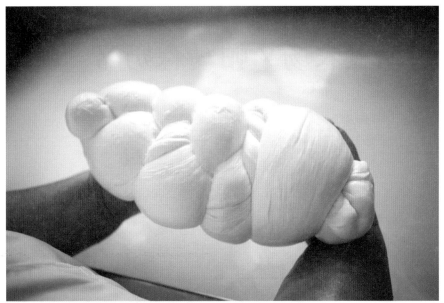

位于坎帕尼亚最南端的巴洛蒂。在一
片广袤的绿野上饲养水牛，将牛奶送
到古老的小工房里进行制作。母牛挤
出的奶新鲜味美，小牛崽活泼可爱。

原产国／意大利
原材料／生乳、食用盐
价格／ 2654 日元（250g）

只挑品牌已经不够，还想按工厂编号来挑选

热纳里农场／帕马森奶酪

Parmigiano Reggiano

2312 号，这个工厂编号堪称法拉利级别

　　众所周知，帕马森奶酪有着逾千年的悠久历史，即使在意大利也价格高昂，甚至有人说把它拿到银行还能当成贷款抵押品。

　　如此贵重的东西，当然要指定制作工厂才行。因为大生产商自己制作的帕马森奶酪供给量不足，必须从好几个生产商那里收购奶酪，因此即使是同样的品牌，产品也可能来自不同的工厂。这实在太不讲究了！这么想着，我就在出差到意大利时结识了第 2312 号工厂的保罗·热纳里先生。

　　他的奶酪被宝格丽酒店和只有特定人物才能参加的玛莎拉蒂俱乐部宴会选用，还获得了著名美食杂志的最高奖项，放入口中那一刻的美味令人难以忘怀。

原产国／意大利

原材料／生乳、食用盐

价格／5200 日元（1kg）

从牧场经营开始，贯彻自主运营。而且一般制造商难以承受的大量消耗反倒成了热纳里的长项。1500头牛产奶，一天只能制作40块奶酪。

奥切利／巴罗洛葡萄酒味奶酪

Occelli al Barolo

包裹在巴罗洛酒渣中进一步熟成，
当奶酪微醺之后，便是最美味之时。

浸透葡萄香味，超越想象的美好

　　这是在被称为"老顽固（Testun）"的 5 个月熟成硬奶酪上均匀撒上巴罗洛葡萄酒渣，进一步熟成之后的产物。这种奶酪由前面介绍过的意大利熟成师佩皮诺·奥切利发明。

　　巴罗洛酒号称"葡萄酒之王""王的葡萄酒"，是意大利的高档葡萄酒之一。这种葡萄酒使用的葡萄品种叫内比奥罗，其表皮色素较淡，因此能够长时间浸泡在葡萄果汁中，这也成了巴罗洛酒的主要特征。

原产国／意大利
原材料／生乳、生山羊乳、葡萄酒渣、红酒（巴罗洛 DOCG*）、食用盐
价格／ 12500 日元（1kg）

　　然而，这种奶酪并非单纯因为裹了一层巴罗洛酒渣就如此美味。真正的关键在于巴罗洛的香味已经渗透其中。并且那还不是十分露骨的葡萄香味，而是酒渣香味。奶酪本身使用羊奶制成，就像在食用固态的鲜奶。虽然在食用时酒渣会掉落，但吃完奶酪后再把掉落的葡萄果皮吃掉也是享用这种奶酪的乐趣之一。当然，记得要搭配葡萄酒哦。

　　皮埃蒙特这个地名是"山脚"的意思，正如其名，它就位于阿尔卑斯山南侧山麓。北及瑞士，西接法国，是雪山融水资源丰富的国内数一数二的奶酪产地，同时也是意大利引以为傲的著名葡萄酒产地。奥切利先生将当地最有名的奶酪和最有名的葡萄酒配到一起，就诞生了这种美味的奶酪。

* Denominazione di Origni Controllata e Garantita（原产地控制保证），一般代表意大利最高等级的葡萄酒，此级别的酒在葡萄产地、葡萄品种、种植方法、种植位置、酿造方法、葡萄酒最少产量乃至装瓶等方面都有严格的审核标准。（译注，下同）

每周三次，从水牛奶酪发祥之地卡塞塔直接空运

庞泰科沃农场 / 迷你水牛奶酪

Bocconcini di Bufala

简单朴素的商标是庞泰科沃家的至宝。

不申报 DOP 的原因在此

　　水牛奶酪获得了保护原产地的 DOP* 认证。这样虽然能够保证品质，却也在一定程度上限制了自由，并不能断言是件好事。

　　水牛奶酪的制法其实到处都一样，那么它到底讲究的是什么呢？就是使用什么样的奶，以及如何进行管理。一旦申报了 DOP，就不得不从协会采购鲜奶。虽说协会的奶源也是周边农场，但无法进行特别指定，也无法自由选择品质，也就是只能在某些人制定的规则下进行奶酪生产。极端地说，那样根本不讲究！因此，一些真正讲究的生产商有时会刻意不申报DOP 资格，庞泰科沃农场便是如此。

　　农场位于水牛奶酪的发祥地——坎帕尼亚大区拿坡里北部一个叫卡塞塔的小镇。卡塞塔的水牛奶酪在日本几乎见不到，日本进口的水牛奶酪几乎全部来自拿坡里以南一个别名水牛街的小镇，那里有近五十座水牛奶酪工厂鳞次栉比地矗立着，展开激烈的竞争。

　　在这场喧嚣之外，有一家不受 DOP 限制，以家族为单位不断产出优质商品的公司，那就是庞泰科沃。

---

* Denominazione di Origine Protetta（原产地保护），针对农产品和食品的一项产地保护认证，要求产品必须在产地特定的地理条件和制作传统下生产，相当于英语地区的 "Protected Designation of Origin (PDO)" 和法语地区的 "Appellation d'Origine Contrôlée（AOC）"。

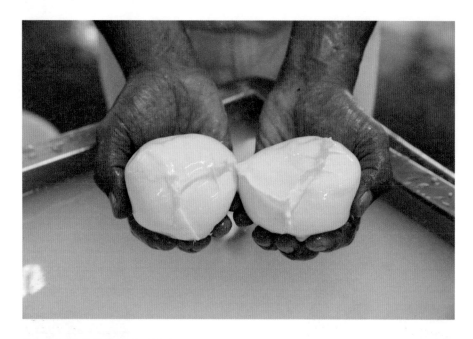

专业工匠只要对原乳稍加查看，就知道
能做出怎样的水牛奶酪。他们会每天检
查原乳品质和成分，再调整比例以制成
理想的水牛奶酪。

新鲜奶酪并不软糯，而是硬邦邦的

我总觉得，日本流传的水牛奶酪美味标准是错误的。

水牛奶酪的口感通常被定义为软糯或柔滑……事实并非如此。在产地新鲜制成
的水牛奶酪其实是硬邦邦的，甚至有点咬不动，比较接近肉类的口感。庞泰科沃家
的午餐餐桌上，会出现宛如牛排般大块且口感强韧的奶酪，人们会各自在上面撒椒
盐和橄榄油调味，然后用餐刀切开来吃。

这一点其实比味道更重要，因为其差别在于新鲜程度。水牛奶酪也是越新鲜越
好吃。可是由于进口商品会有时间上的桎梏，难得新鲜又有韧劲的奶酪运到日本已
经变得绵软柔滑了。

原产国／意大利
原材料／生乳、食用盐
价格／ 2462 日元（约 25g × 10 颗）

无论哪个生产商，都会使用早上刚挤的新鲜奶源……虽说如此，庞泰科沃一家却教会了我更重要的事情。这里还会制作 2kg 左右的大号奶酪。甚至在日本，也有餐厅会订购这种大尺寸奶酪，空运送来。能吃到这种奶酪的客人们可算是十足的幸运儿。

坦诚率直的制造者

　　庞泰科沃生产的奶酪每周出货三次，通过空运以接近产地状态的新鲜程度送达。因此我们能够享用到奶酪原本嚼劲十足的风味。因为新鲜，所以非常硬！

　　我已经无数次造访这个农场，每次都感慨于制造者的坦诚和率直。正因为坦诚，我才能安心享用。

　　我就是这么一个自卖自夸，冥顽不化的人。

每一小片都浓缩了整盘料理的美味

奥切利 / 科廷奶酪

Occelli Crutin

形状和名称都沿用古法，
加入松露这一创意恐怕是前无古人的。

将牛奶、羊奶和山羊奶混合，加入黑松露制作的奶酪

这块圆筒形的奶酪魅力十足。它是令意大利倍感自豪的熟成师佩皮诺·奥切利先生原创的奶酪。将鲜奶与皮埃蒙特原产的黑松露一同熬煮，充分吸收自然精华，每一口都能享受到牛奶的甘甜与松露的清香。

这真的很好吃，实在太好吃了，好吃得让人难以置信。据说奥切利先生是根据当地早已失传的奶酪配方，加入自己的独特创意，才制成了这种奶酪。

原产国／意大利
原材料／生乳、黑松露、食用盐、
水解蛋白（玉米）、香料
价格／时价

　　据说科廷这个名字源自于它的圆筒形状，在皮埃蒙特方言中，这是过去农夫对自家小储藏室的称呼。以前为了防止老鼠啃噬，人们会将这种奶酪悬挂在弧形天花板上熟成，因此直到现在，它的包装上还会留有绳子。

　　原乳由牛奶、羊奶和山羊奶混合而成，与同样产自皮埃蒙特的卡斯泰尔马尼奥奶酪有着相似的松软口感。

　　本公司一名女性员工曾说，吃这种奶酪让人有种品尝料理的感觉。确实，这种多层次的风味可以直接食用，用来点缀烩饭和意面也是绝佳的选择。与当地的高级葡萄酒巴罗洛和巴巴莱斯科搭配也非常合适。

水牛奶制成，味道香甜，入口即化

卡塞拉公司 / 卡蒙贝尔水牛奶酪

Camembert di Bufala

原产伦巴底，让人如痴如醉的卡蒙贝尔

说到卡蒙贝尔，许多人都会想到法国诺曼底地区生产的奶酪。可是，这里要介绍的却是正宗意大利卡蒙贝尔，而且还是水牛奶制的。

水牛奶只占意大利国内总产奶量的3%，其中有99%都被运到拿坡里周边加工成水牛奶酪。然而部分坚持创新的生产者和熟成师却一直在摸索这些风味醇厚的水牛奶的新用途。这里要介绍的卡蒙贝尔奶酪便因此诞生。它的诞生地就在伦巴底一座聚集了大量优秀熟成师的小村落。

小块装外表雪白，看起来非常柔软。将熟成的奶酪切开，会看到柔滑欲滴的里层。

原产国／意大利
原材料／水牛乳、食用盐、
表面覆盖马铃薯淀粉或米粉
价格／未定

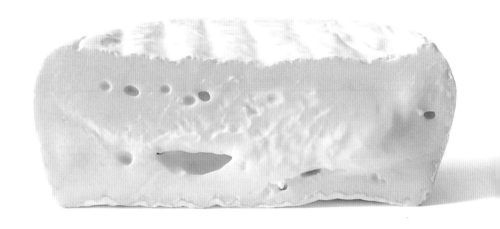

水牛奶脂肪含量非常高，甚至能超过普通牛奶两倍之多。用这种奶制作的奶酪味道香甜，入口即化。然而，也正是其丰富的乳脂成分让熟成变得异常困难。它不仅对温度和湿度要求很高，在运输时也极为娇贵，很难伺候。

技术高超的熟成师在克服重重难关后，终于制成了这种奶酪。第一口咬下去有种类似酸奶的清新酸味，奶酪那种独特的风味较淡，吃着吃着还能品尝到温润的咸味，跟面包也很搭。再进一步咀嚼，则有越来越丰盈的柔滑口感和牛肝菌清香。熟成度越高，辛香风味越浓郁。

诞生于地中海的长期熟成奶酪

撒丁岛 18 个月熟成
格兰·佩科里诺奶酪

Gran Pecorino 18 mesi

白色结晶是鲜味成分氨基酸。
其中浓缩了高原奶特有的果香。

与普通硬质奶酪截然不同的风貌

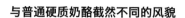

　　如果它只是普通的佩科里诺，我就没有必要在这里介绍了，然而这家
伙是与众不同的。这款硬质奶酪由地中海撒丁岛的羊奶制作而成，让我感
到了久违的惊艳。

　　其制作方法与帕马森奶酪完全相同，连 18 ~ 24 个月的熟成期也几乎相
同。仅仅是因为地中海的气候和奶源不同，就成了这么一款魅力十足的奶酪!

　　把它敲碎成一厘米大小放入口中，过不了多久，就能品尝到甘甜而温
润饱满的美味了。

原产国／意大利
原材料／生绵羊乳、食用盐
价格／3456日元（约300g）

　　帕马森奶酪固然很好，不过这种奶酪也有着极具冲击力的香气和风味。另外还要加上羊奶特有的类似蜂蜜的风味和长期熟成而来的鲜美成分。原来羊奶的蛋白质分解后竟能产生这么多氨基酸。

　　不仅如此，它还跟我所熟知的佩科里诺完全不一样。羊奶酪的熟成期通常最长也只有6～9个月，我以前从未尝到过熟成期这么长的羊奶酪，然而它的美味更是超出了我的想象。这让我了解到，羊奶也是能够适应长期熟成的。

　　意大利还有很多很多美味的奶酪，喜欢帕马森的各位，偶尔也来尝尝这些罕见的美味吧。

原材料完全采用传统欧洲配方

无添加经典配方 S-1 混合奶酪

100% Natural Mix Cheese

堪称顽固地坚守本真，最讲究的柔滑奶酪

　　这可是创业五十年的老牌专业奶酪进口商拍着胸脯担保的美味。以悠久的历史和丰富的经验得出的结论就是，真正的好东西无须任何添加成分。

　　首先，这种奶酪绝不使用任何添加剂。通常情况下，为了防止奶酪结块，制造商会在里面添加一种叫纤维素的食品添加剂，还会充气防霉。这样使得奶酪光滑好看，在提高生产效率的同时也降低了商品成本。可是这也会让奶酪吃起来干干的，口感不太好。所以这种奶酪的生产者完全摒弃了这些添加剂，排除一切与奶酪无关的材料。此外他们还不顾成本增加，坚持手工生产。

　　不仅如此，对原材料的使用也毫不吝啬，50% 选取本真本源的最高级

不添加纤维素等材料。直接从一整块奶
酪中切下，能够品尝到最本真的美味。

原产国／荷兰（豪达）、丹麦（萨姆索）
原材料／生乳、食用盐
价格／ 1490 日元（1kg）

荷兰产豪达奶酪，50％ 是丹麦的至宝萨姆索奶酪。在指定品牌这点上丝毫
不妥协，而且还特别添加了专供 S-1 百货和高级超市的特级奶酪，专为奶
酪爱好者而制。

它有着入口即化的柔滑风味，因为比较清淡，适合搭配多种料理，是不
影响食材风味的同时又极具存在感的天然奶酪。这便是所谓成年人的配方。

加热后即使放凉也不会影响奶酪本身的美味。因为水分含量较高而口
感柔滑，很难出现焦痕，但那才是新鲜的证据。另外它还不会出油，不愧
是酪农王国的奶酪。

除此之外，它还可以直接给沙拉调味，做成奶酪火锅也是一道极品菜肴。

这是为满足奶酪爱好者"如果能有这种奶酪"的愿望而专门制作的产
品，仅限网络销售，不走任何零售店渠道。

一直在寻觅新鲜制成的香醇奶酪粉

无添加意大利原产
100% 帕马森奶酪粉

100% Parmesan Cheese Powder

新鲜现磨的感觉、开封后飘出的香味
应该能让许多爱好者心满意足。

原产国／意大利（日本国内研磨加工）
原材料／生乳、食用盐
价格／1680 日元（500g）

因为每天都要用，所以不添加任何无关材料，最好的奶酪粉来自意大利

终于，终于做成了！尽管可能会有人说，不就是把刚磨好的奶酪粉装进袋子里嘛，但这项工作其实非常辛苦。

因为每天都要使用，奶酪粉最好是无添加的。所以在制作时完全不会加入纤维素。那是防止奶酪结块的食品添加剂，如果不加进去，生产效率就会降低，但却能得到更香醇柔滑的本真风味。这一点就算牺牲了工作效率也要咬牙坚持。

不仅如此，还要使用 100% 意大利原产的原材料。甚至要用与奶酪之王帕马森相同的生产方式制成的奶酪。

它还有一个更大的特征，就是与一般市面上销售的热风烘干奶酪粉不同，这是新鲜磨制后马上装袋的产品。这样能够直接品尝到柔滑的口感和浓郁的风味，这也是生产商手工生产的初衷所在。

　　每天在料理中使用无添加奶酪，能够获得别具一格的风味。而仅仅是换一种奶酪粉，就能使料理仿佛焕然一新。在意大利，奶酪粉甚至被当成了调味料。我自己也想拥有取用方便而且跟好食材搭配绝妙的奶酪粉。

　　销售这种奶酪粉的契机，其实只是一件小事。我家经常制作意面料理，以前一直都是用刨子从一整块奶酪上现做现磨，然而每次使用量都很大，刨得手痛！其他奶酪爱好者是否也有跟我同样的烦恼呢？于是我就想到，将不添加纤维素，也不经过烘干加工的新鲜奶酪粉直接装袋销售。虽然比较朴素，但朴素其实也挺不错的。

COLUMN 1

希望传达的就是生产现场的氛围

　　我每年都会多次去拜访海外的生产商。有时候是去寻找新的食材，有时候是去看看现有商品的生产现场，总之目的多种多样。

　　然而促成我拜访的真正理由，却是那里的氛围。因为我认为，了解食品产地的氛围非常重要，才会如此频繁地拜访生产商。

　　去那里与他们交谈，有时能得到很有价值的信息，但更重要的是去感受生产商努力工作、给客人带来美味食物的诚挚心意。同时，亲眼见证了他们每天清晨来到现场工作，吃力地搬运沉重的货物这些情景之后，就能带着截然不同的心情去欣赏和品尝那些食材，这对消费者来说也是一种幸福。传达那种氛围，是非常有意义的。

　　如果仅仅是在店铺里陈列商品，让顾客装入购物篮拿到收银台付款，是几乎无法传达这种氛围的。但在我们的"嗨"食材室，这一切却有可能实现。

　　我所拜访的生产商一直坚持着自己认为最好的东西毫不动摇。要说那样的人们有什么不一样，答案就是花时间的方法不一样。

　　他们根本不会想要尽可能多地销售商品，所以对现代的生产方式毫无兴趣，只按照传统的步调，在自己力所能及的范围内进行生产。他们的设备也几乎不会变更，毕竟想要做出来的味道一直不变，也就没有变更设备的必要了。他们就是用这种方式，一直坚守着传统。

用个比较极端的说法，再好吃的东西，做得多了就会变得不好吃！

可是，这样生产对制造者来说却是非常艰难的，也要承担很大风险。只要进行工业化改造，就能轻松制作大量产品，也能保持稳定供给。对购买方来说，大众熟知的商品买起来也会更放心。而那样一来，一直坚持辛苦手工劳作、维护传统美味的人就很难得到认知。

所以我才想代为传达。手工制品价格当然会更高，因为制作者在那些商品上花了同样价值的时间。既然要享受美食，即便价格稍微昂贵一些，也还是经过辛勤劳作制成的东西更好。

这个好，到底好在哪里呢？关键就在原材料和制作方法。是否使用了好材料，是否用了好方法，这些都非常重要。如果不能判断这两者的好坏，绝对买不到好东西。

想必有很多人会被包装上的图片所吸引，甚至因此就轻易满足，但我只想在亲自见证过产地后再做出选择。为了服务跟我有同样想法的人，我才会到当地去确认现场情况，这是我时刻牢记在心中的一点。

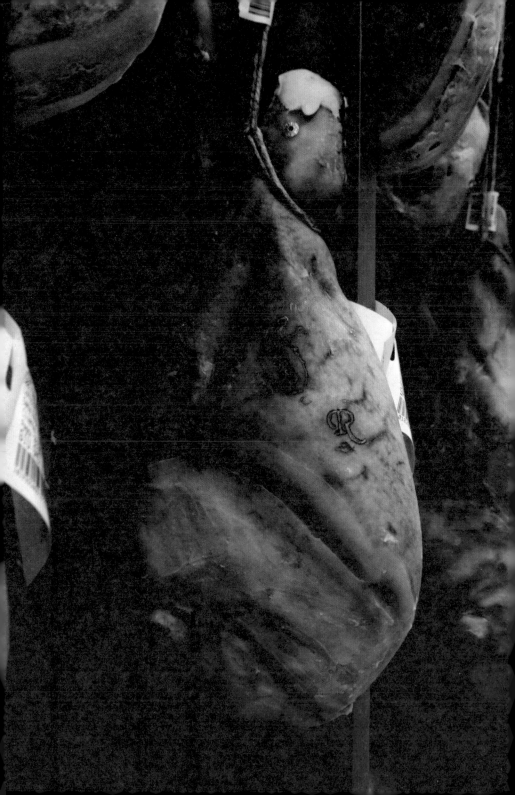

PROSCIUTTO HAM
&
COLD CUTS

火腿
&
香肠

走在意大利街头，会看到许多"Salumeria"（经营生火腿和香肠的食材店）。在法国，这种店被称为"Charcuterie"。一进到店内，就能看到琳琅满目的火腿和香肠，让人忍不住内心惊叹。

　　回到日本后，想再次吃到在当地见过或品尝过的东西，却很难找到销售那些商品的零售店，就算有也顶多是一两个种类。看着店里难得出现的那一两种稀有产品，总觉得还是不够满足的，恐怕不止我一个人吧。

　　带着这种心情，我开始在店中一点点增加生火腿和香肠的种类，回过神来时已经积累了不少。那些都是为供给专业厨师而进口的最高级品牌。一直以来我都以自己的喜好为标准严格挑选和强化店中货品，今后我还打算继续品尝更多的美味，也要继续去寻觅更多的美味。

　　品尝生火腿时，我喜欢拿起一片，抬头张大嘴一口吃下去。或者用来卷蜜瓜，生火腿可以充分凸显出蜜瓜的香甜。那种美味会让人忍不住跳起舞来。

　　同时，我还非常喜欢香肠，尤其喜欢那种看起来特别小家子气的小号香肠。因为切片火腿不太好吃，本店并无销售。不过欧洲家庭一般都在家里自己切火腿，所以我们也介绍了一些切片火腿的最佳食用方法。爱好美食的大叔们，如果家里囤有一根小号香肠，就可以随意过上一个充满情调的夜晚哦。

未经压缩，不破坏纤维，口感超滑嫩

费拉里尼公司／18个月熟成去骨帕尔马莱加托火腿

Prosciutto di Parma Legato

微弱差异体现了价值！

一般来说，制作生火腿都是把猪腿去骨后塞进模具里熟成，但这种帕尔马火腿却只会用绳子将其捆起来揉成球状。因为没有给腿肉施加多余压力，避免了纤维被破坏，所以才能够直接品尝到生火腿最地道的美味。

能够形容它的只有"真！好！吃！"三个字。猪肉的脂肪本身就很鲜美，那些脂肪熟成过后，其鲜美会倍增，在口中温柔地化开。脂肪与瘦肉部分以最完美的比例混合，连飘入鼻腔的芳香都让人直流口水。

既然如此，为什么不是所有火腿都这么做呢？因为实在太麻烦了。每一道工序都要手工完成，是非常耗费精力的。

普通的帕尔马生火腿就已经超级好吃，然而，帕尔马莱加托火腿更超越了它的美味。

对追求这种差异的人来说，两者的不同之处体现了帕尔马莱加托火腿的绝对价值。那正是成年人所追求的味道。

帕尔马原产生火腿的最高杰作——莱加托。因为不额外加压，断面呈圆形。

原产国／意大利
原材料／猪腿肉、食用盐
价格／时价

想品尝当地肉店的味道

"嗨"食材室手工切片火腿

Prosciutto Affettato

为了推出这种商品，专门改造了公司大楼

    将一整根帕尔马原产生火腿手工切成火腿片。用手去感觉大小形状和硬度都不同的火腿，随时调整力道缓缓切出。本来重量超过 8kg 的火腿，切出来的最美味部分只有 4kg 左右。我们就是将这一部分毫不浪费地进行切片加工，送到客人们手中。

    因为是手工作业，形状自然是不规整的。相反，那些包装起来形状规整的制品都是从模具定型的火腿上切下来的。

    我们不想卖那种商品，而是要让客人了解生火腿最本源的美味，所以我们会将火腿切成薄片。拿起一片放入口中，首先迎来的是柔软的口感，随着进一步咀嚼，就能品尝到熟成的鲜美与脂肪的醇厚融为一体。会让人忍不住疑惑，以前吃过的生火腿都是怎么回事？

为保证本真味道而设立的手工切片加工室：梦幻食材研究室。

原产国／意大利
原材料／猪腿肉、食用盐
价格／ 1490 日元（约 100g）

手工切片的方法、包装状态、装袋时
间……全部工序都经过反复试验，达
到最理想的状态。

皮卡罗公司／18 个月熟成帕尔马火腿

Prosciutto di Parma

若让我这个没了火腿活不下去的人来选，就是这家了

　　一提到意大利食材，所有人都会想到的一定是生火腿。葡萄酒、日本酒、烧酒，它能与一切酒类搭配出绝妙味道。我感觉没了火腿自己可能活不下去，而在众多火腿之中，我的第一选择就是这个。

　　它采用了传统生产工序，一边吸收当地土壤的气息一边熟成。只要是农产品，必然每一根都不尽相同。原材料使用的肉不一样，而且仅使用盐渍熟成，不对味道进行任何调节，理所当然会存在个体差异。无论哪个品牌都会有令人期望落空的时候，即使是默默无闻的牌子，若加工得好也会非常美味。从这种平衡和概率来看，这家的产品显得更加稳定，较少出现误差，更值得信赖。人们最想要的就是可以直接切片吃的优质火腿。而且一旦身边有了值得自己珍惜的人，要与对方共进晚餐时，必然也会选择这种更有保障的美味。

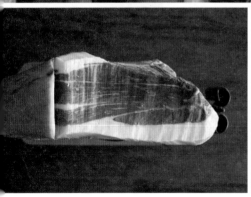

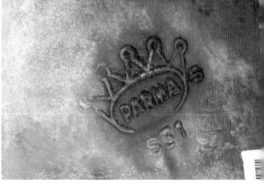

原产国／意大利
原材料／猪腿肉、食用盐
价格／时价

只有遵从古法长期熟成，经过严格审
查合格的产品才能获得帕尔马火腿协
会认证的皇冠标志。

不仅味香，肉质也非常上乘

萨尔西斯公司 /
松露意大利香肠

Salame al Tartufo

虽然一点都不便宜，但有生之年还是
要尝一尝的梦幻香肠。

白松露的风味直击脑髓

　　这是由创建于 1941 年的萨尔西斯公司出品，安东尼先生制作的松露香肠。香肠中加入冷冻干燥的白松露，着实是香气逼人，简直太香了。松露这种东西，比起口感，更讲究的其实是香气。而这个松露香肠的香气简直不可计量。

　　放一块在嘴里，首先能品尝到脂肪和瘦肉的完美融合，同时鼻腔深处又充斥着松露的清香。猪肉的甘美和松露的香气相结合，就成了最上乘的美味！这种香肠我推荐直接切片食用，除此之外再无其他合适品尝方法。

原产国／意大利

原材料／猪肉、食用盐、葡萄酒、糖类（葡萄糖、蔗糖）、白松露、香辛料、
抗氧化剂（抗坏血酸钠、亚硫酸盐）、发色剂（硝酸钾、亚硫酸钠）

价格／ 2376 日元（160g）

　　这种产品我是从一位叫鲇田的大厨那里进口的。此人非常厉害，据说
早在我这一辈刚出生的时候，他就已经去了意大利。虽然我很想把鲇田先
生经营的每种食材都吃一遍，可他就是不愿意卖给我……

　　一次我在食材试吃集市上尝到了这种香肠，立刻就为人间竟有如此美味
震惊不已。就在那时，旁边有人对我说："这味道你懂？""当然懂。""那
我卖给你吧。"如此，我结识了鲇田先生的儿子，我们才熟络起来。

　　其实鲇田先生也是个特别有坚持的人，据说他跟安东尼先生反复商讨
了无数次，才总算做出现在这种松露香肠来。

自家的腌制食品成了全世界老饕的憧憬

雷涅里家／库巴肠

Coppa

首先能让家人满意的，不危害健康的美食

原本只是家庭自制食品，但它的美味却被全世界老饕口口相传，甚至传入了日本。

头颈肉香肠是发源于古罗马的腌制食品，介于意大利香肠和生火腿之间。在雷涅里家所在的托斯卡纳，它又被称为"Capocollo（猪颈肠）"。

他们制作的，"首先是能让自己满意的东西"。为此，纯天然的熟成就非常重要。第二代管理者菲利普·雷涅里先生说："刻意加快过程，其结果就是损害健康。"他们不使用发色剂和防腐剂，尽可能保持天然制作的传统。

刚放入口中时和吞咽后都会在鼻腔留下满满的香草气息。这种香味是一种令人愉悦的奢华享受。

意大利的猪肉加工品有一条通用的诀窍，就是在食用时先解冻到18℃以下的常温，趁香味最浓郁时品尝。另外，推荐切片时稍微切厚一些，这样能够在充分咀嚼时尽享美味。

揉入盐、黑胡椒、大蒜制作而成的库巴肠。脂肪部分较少，瘦肉口感柔滑。

原产国／意大利
原材料／猪肉、食用盐、黑胡椒、大蒜
价格／时价

传承祖业，五十年未变的配方和工序

雷涅里家 / 托斯卡纳香肠

Salame Toscano

区别在于脂肪的美味和质感！

　　雷涅里家族严守上一代配方，利用托斯卡纳风土的特殊制法不断生产优质美味。他们有着如此讲究，直击致力于完美传递最正宗风味的"嗨"食材室的心房。

　　前面已经介绍过库巴肠，那原本只是自家食用的腌制食品，地位相当于日本的自制酸梅干。

　　我们收集了六个种类的意大利香肠，对比之下就会发现雷涅里家的东西截然不同。要说不同之处，就在于脂肪的美味。因为意大利香肠脂肪含量很高，脂肪的味道差异就成了关键所在。

　　请分别试试切成薄片和稍厚小条两种形状进行品尝。因为脂肪质感很好，在口中有种与瘦肉一起乳化的感觉，而且那个乳化的时机非常绝妙。其实吃意面的时候，搭配乳化感较好的调味汁也会更美味，这里说的就类似那种感觉。

原产国／意大利
原材料／猪肉、食用盐、黑胡椒、大蒜、
抗氧化剂（抗坏血酸钠）、发色剂（硝酸钾）
价格／时价

绝对值得信赖的雷涅里产品。正因为
是随处可见的香肠，制作者才显得尤
为重要。

传说级猪肉制作的珍贵传统香肠

锡耶纳特产 / 琴塔猪肉肠

Salamino di Cinta Senese DOP

与其他香肠的决定性区别在于肉质。
每嚼一下都会愈发甘美，同时又有黑
胡椒恰到好处的调和效果。

原产国 / 意大利
原材料 / 猪肉、食用盐、胡椒、
天然香料、硝酸钾、抗坏血酸钠
价格 / 时价

老实说，用来开家常酒会有点浪费

琴塔香肠使用的原材料是托斯卡纳饲养的极为稀有的琴塔猪。这种猪养殖效率很低，一度濒临灭绝，但锡耶纳的农场在 1990 年复兴了这个品种。不过目前其产量依旧稀少，供不应求，是极为珍贵的材料。

使用这种肉制成的高级香肠都采用了粗绞工艺，无比鲜美的瘦肉和入口即化的脂肪让人欲罢不能。品尝一口感觉肉质仿佛紧紧凝缩在一起，嚼劲介于普通香肠和牛肉干之间。尽管如此，它的肉质却十分鲜嫩，脂肪的鲜美可谓是独一无二。同时，香辛料的香味也让人为之震惊。

这可是打开一瓶珍藏葡萄酒时才适合搭配的肉中逸品。

100% 纯种巴斯克金顿猪肉肠

皮埃尔·奥泰萨 /
巴斯克猪肉肠

Jésus du Pays Basque

原产国／法国
原材料／猪肉、食用盐、乳糖、葡萄糖、香辛料、朗姆酒、蔗糖、酵母、米粉、发色剂（硝酸钾）
价格／时价

凭借对巴斯克美食文化的热情，获得法国最高勋章

　　巴斯克位于法国与西班牙交界之地，这里是独特食材诞生之地，也是知名的老饕据点。

　　皮埃尔·奥泰萨先生的金顿猪也是巴斯克的名产之一。他成功保护了濒临灭绝的本地猪种并令其复兴，因为这份功绩，他获得了法国最高荣誉勋章"法国荣誉军团勋章"。用这种猪肉制作香肠，每头猪只能做出一根，可见它是何等珍贵。

　　它有着弥漫馥郁熟成香味的奢华风味。请不要一刀切出均匀厚度，把每一片都切得薄厚不均，就可以用舌头去品尝不同厚度的肉质带来的乐趣。

　　巴斯克肠的肉密度很高，在咀嚼间能够不断获得多层次的满足感。那是一种让人无比畅快的感觉。可以说，它的美味已经到达了顶峰。

巴斯克香肠的美味，全部源于肉质

皮埃尔·奥泰萨／阿尔迪德香肠

Saucisson des Aldudes

原产国／法国
原材料／猪肉、食用盐、乳糖、葡萄
糖、香辛料、朗姆酒、蔗糖、酵母、
米粉、发色剂（硝酸钾）
价格／时价

以比利牛斯山脉地势险峻的山村命名的香肠

　　这种金顿猪肉肠比上一页的品种更为干硬，突出了肉质的紧实。

　　我也常问别人，巴斯克的猪肉为何会如此特别呢？其秘密似乎在于当地的自然风土。

　　阿尔迪德村地处险峻溪谷，金顿猪在这里自由地生长，肉质不受任何压力影响，自然温润鲜美。此外，这里的降水量是法国全国平均值的两倍，肥沃的土地产出了丰富的栗子、橡子等坚果，再配以玉米等饵食，使金顿猪的脂肪层深入肉质，带来鲜美的风味。加之当地人使用自然风和熟成室天然存活的酵母菌及乳酸菌进行熟成，充分融入了当地特有的风味。当然，促成阿尔迪德香肠美味的关键还有那位戴着贝雷帽的巴斯克人——奥泰萨先生。

使用较粗天然肠衣的巴斯克猪肉肠需
要 70 天熟成。其中蕴含的温润口感和
香气令人惊叹。

阿尔迪德需要 40 天熟成，与巴斯克肠
使用相同的原材料猪肉，但香辛料配
比更重，更好入口。

　　　火腿 & 香肠

充分利用濒临灭绝的金顿猪制成绝品前菜

皮埃尔·奥泰萨／法式肉饼

Pâté de Porc Basque

令厨师们艳羡不已的"自己做不出来的味道"

　　目前金顿猪的产量还非常低，每年能够使用的数量有限。正因为稀少，才要把制作香肠剩下的边角料加工成肉饼。不，把它说成边角料太失礼了。这是必须要带上一个"超"字才能形容的美味。当初我问进口商，这种商品的特征是什么？对方只会翻来覆去地说这是特别好吃的肉饼，让我很是头痛。然而现在我懂了，它的美味真的难以用言语形容……

　　绞肉的方式是富有法国特色的粗绞，这样能保留猪肉本身深邃而浓郁的风味。较重的咸味与之形成了绝妙平衡，加上肥美的脂肪令口感更加柔滑。如果只见过日本精细的肉饼，看到它可能会大吃一惊。厨师们纷纷艳羡地说："这才是正宗的法式肉饼，我根本做不出这种味道来。"

　　我认为，这种肉饼只要切块直接吃就好了。因为它本身的味道就极为浓郁，若佐上芥末等酱料反而会影响风味。再配上好吃的面包和波尔多一带出产的浓质葡萄酒，就是至高无上的幸福。

每年只出产五千头的金顿猪。它的浓郁风味与深不可测的鲜美仿佛都浓缩在这个断面上了。

原产国／法国
原材料／猪肉、猪肝、食用盐、青葱、大蒜、猪油
价格／时价

COLUMN 2

"嗨"食材室的伙伴们

有人问我，要怎么寻找美味的食材？我都是靠朋友介绍生产商、自己给进口商打电话，或者对方主动打电话给我。

以意大利为例，意大利人是不会主动推销自己的商品的。如果自己找过去问"卖给我好吗？"他们确实会卖，只是不会主动找别人说"你要不要买我的东西"。

无论是服装还是其他方面，你是否认识跟自己眼光一样，穿衣风格类似的人？是否遇到过与你关注点相同，会在广阔的世界中选中同样东西的人？在食物方面也是如此。喜欢美食、喜欢意大利、喜欢法国，追求更好的东西、更美味的东西，选择的重点也一样……我就在跟这样的人们一同工作。

经常行走于海外的进口商有两种类型。

有的进口商追求的是能够满足顾客需求，用起来顺手的东西。为了赚取利润，他们会以稳定供给为前提采购货品。

但是也有不一样的进口商。他们真心喜欢美食，会满世界寻找好吃的东西，并真的能找来它们。

例如，在旅途中，当地人请他尝尝这种食物，他尝过之后发现太好吃了，又感动又惊奇，人们就会接着告诉他，这是附近一个叫安东尼奥的人做的，虽然他人有点奇怪，但你可以去找他谈谈啊。真正拜访过后发现双方意气相投，当即就决定进口了。就算还没想到要卖给谁，该进多少货，只是因为遇到了这个人，遇到了他做的美味，就决定要分享出去，这就是另一种进口商的性格。

我们想跟那样寻觅商品的进口商加深合作，更想跟他们遇到的充满个性的生产商一同成长。

虽然那些人基本上都特别讲究又特别顽固，甚至有点麻烦，但他们的商品就是与众不同。那些生产商都是会亲临工作现场并大发脾气的性格，然而那就是他们保证品质的方法。一旦有所松懈，传统就会被破坏，因为保护传统本身就十分困难。

总之，以这种方式寻觅到的食材都是真正的美味。那是不会因流行而改变的，更贴近于本质的风味。只要尝试过，就会得到惊喜。

我最喜欢这种传承自古的独具匠心的产品，喜欢其中充满乡土气的味道。而我的幸福就是向大家兴奋地宣布："我又找到那样的好东西了！"

BEPPINO OCCELLI
BURRO
DA PANNA ITALIANA DI CENTRIFUGA
Formato a mano con il "Calco della Mucca"®
MATERIA GRASSA 82%
PESO 250g ℮

BEPPINO OCCELLI®

BURRO

DA PANNA ITALIANA DI CENTRIFUGA

Formato a mano con il «Calco della Mucca»®

Peso 500g ℮

Da consumarsi preferibilmente

BUTTER

&

OLIVE OIL

黄油
&
橄榄油

因为父亲从事法国食材批发工作，我还没懂事的时候，家里冰箱就放满了各种专业级食材。比如鱼子酱，我就吃到过连小孩子都知道好吃的绝品货色 *，所以早在那个时候，我心中就种下了"好吃的东西最棒了！"这种观念。说起来感觉有点像是被洗脑了呢。

　　到了高中时期，我已经会借由给家人做饭，尽情采购自己想要的食材了。其中最让我着迷的是面包。每次我都会说去买面包，管家长要了钱四处寻找不同的面包店进行品尝。

　　因为我是这么一个面包铁粉，自然对黄油和橄榄油也相当讲究。

　　法国黄油中我最推荐的是博尔迪耶的有盐黄油，意大利则推荐唯一能够进贡英国王室的奥切利新鲜黄油，两者都是手工制作。一旦尝过它们的味道，就再也看不上别的黄油了。应该说，会觉得别的黄油不吃也没什么了！

　　至于橄榄油，有著名大厨爱用的油、名不见经传却品质极高的油、大赛获奖的经典名油、日本很难买到的油等，品种繁多甚至连我都眼花缭乱，但我还是想与读者们分享一些目前最让我喜欢的产品。

　　当然，这些都是一流生产者用心制作的精品，用来送礼也一定能俘获对方的心。

* 鱼子酱的味道太特殊，小孩子吃到可能会哭，请谨慎使用儿童进行试验。

英国王室御用，号称世界第一

奥切利／新鲜黄油

Burro Fresco

1976 年创业的制造商，原材料仅使用
牛乳，根据季节不同，黄油的颜色也
会出现变化。

原产国／意大利
原材料／生乳、乳酸菌
价格／1400 日元（125g）

打开包装纸的瞬间，一定能让你心动

意大利北部皮埃蒙特区的生产者奥切利，我已经在本书介绍奶酪熟成师的部分提及过，但他的事业其实是从黄油生产开始的。他的产品因供英国王室御用而闻名，甚至被英国报纸评为世界第一的黄油。

阿尔卑斯山麓的工房附近，有成片成片专门为他所用的牧场。在那些牧场上放养的牛挤出的新鲜牛奶，就是他唯一的原材料。

来自高原的牛奶送达后，接下来就只有搅拌这一传统制作方法了。用来规整形状的工具也是木铲。这就是奥切利黄油温和柔滑口感的秘诀。

这样加工出来的黄油夏天呈现淡淡的小麦色，冬天则更加洁白，全都带有浓郁的奶香味。

用木制模具印上的奥切利商标和奶牛图案也让人印象深刻。做好的黄油被包裹在极具年代感的包装纸中，送往皮埃蒙特本地居民和英国女王的餐桌，同时也以最新鲜的状态来到日本的"嗨"食材室。

要深入品尝这种黄油的风味，最重要的一点是简单。请先试试把它涂在饼干或康帕涅面包等较硬的面包上尝尝吧。

MATERIA GRASSA **82%**   PESO **250g** ℮

BEPPINO OCCELLI®

BURRO
DA PANNA ITALIANA DI CENTRIFUGA

Formato a mano con il "Calco della Mucca" ®

PESO **500g** ℮

MATERIA GRASSA **82%**

法式千层酥一般的口感

博尔迪耶／有盐黄油

Le Beurre Bordier

通常仅需 6 小时的黄油制作工序，博尔迪耶要花整整三天

　　圣马洛城面朝大西洋，博尔迪耶的店铺就在城中。而他出品的黄油，是法国三星餐厅和一流酒店必备的最高品质产品。

　　博尔迪耶仅使用布列塔尼半岛出产的牛乳，生产出最高品质的榨乳黄油，是法国唯一这样做的人。通常黄油制作只需要 6 个小时，博尔迪耶却采用了花费三天时间精心制作的传统方法。据说还会根据大厨们的要求调节黄油的盐分含量。

　　接下来讲讲我喜欢这种黄油的原因。

原产国／法国
原材料／牛乳生奶油、乳酸菌、食用盐
价格／1490 日元（125g）

用黄杨木铲一块块手工成形。能看到里面露出的盐粒吗？

一、它在制作中使用了木制搅拌桶，因此黄油会分成许多层次，让人联想到法式千层酥的口感，产生一种"这是什么！"的感慨。

二、其中加入的盐粒较为粗大，甚至肉眼就可以分辨，但放入口中却完全感觉不到盐粒的存在，很是不可思议。

三、香气浓郁。像所有优质黄油一样，未入口就先被其香味所俘获。再加上前文所说的千层酥般的口感，就成了让人感动不已的美味。

自从尝过了这种黄油，我就再也不想使用其他黄油了。而且它还不是商业冷冻品，而是保持与圣马洛店面相同的状态空运过来的，由始至终都是新鲜黄油的品质。

我唯一想介绍的纯正果实之油

扎哈拉 / 特级初榨橄榄油

ZAHARA Olio Extra Vergine di Oliva

真正的传说，现摘现榨现装瓶

这是造访过当地橄榄油工厂的人一定能懂的味道，是只有在那里才能品尝到的新鲜的美味。那种鲜美，简直让人怀疑它的真实。

装瓶后的橄榄油已经十分美味，但始终难以还原现榨的美好。可是，唯有这瓶橄榄油不一样。

要说为什么，品种特征固然很重要，但并不是全部。

在橄榄油产地，一般都有大量负责采摘橄榄的人，采摘下来的橄榄被卡车运送到榨油厂，那里看起来有点像加油站的感觉。

然而这家生产商却在自家橄榄园里建起了榨油厂。看起来没什么，实际上这可是很难实现的。

橄榄采摘下来后在运输过程中就开始氧化了。甚至还有人会在采摘第二天才将橄榄装车运走。那样榨取出来的橄榄油，其酸度自然会变高。

而这个生产商却无须担心那样的风险。所以即使是装瓶后，其新鲜度也与其他产品截然不同。

我品尝过的橄榄油其榨油厂全都位于远离农庄的地方，即便如此，鲜榨的橄榄油依旧非常美味。那么，如果在这里品尝到真正的鲜榨，那究竟会是什么样的味道呢？

如果要打比方，就是鲜榨果汁
100% 的新鲜感直接装入了瓶中。

原产国／意大利、西西里岛
原材料／橄榄（品种：Tonda Iblea）
价格／ 2600 日元（250ml）

具有独创性的设计诞生在西西里岛的阳光之下

杰拉奇公司／尼诺·帕卢卡工作室
陶罐特级初榨橄榄油

Contenitore Ceramica di Nino Parrucca per Olio di Oliva

希望能与重要的人分享，令人感到幸福的橄榄油

　　西西里岛一个叫托拉帕尼的小镇上出产一种简约而大胆的陶器，这就是内行人无不知晓的尼诺·帕卢卡工作室的陶器。唯有阳光灿烂的西西里岛才能孕育出如此艳丽的色彩，据说这种独创性的笔触还影响过毕加索。这可是工匠们一个一个亲手绘制而成的，世界上独一无二的图案。

　　装在里面的橄榄油散发着洋蓟和本草的清香，绿番茄的余韵格外悠长。尽管如此，刺激却不会过于强烈，与西西里岛久负盛名的鱼料理十分搭配。一个这样的陶瓶，就能让房间明亮起来。那种无限温柔的氛围，具有难以言喻的魅力。

以西西里岛海域的鱼类和实际存在的建筑物为绘画主题，仅接受小批量订单。

原产国／意大利

原材料／橄榄（品种：Nocellara del Belice）

价格／3800 日元（250ml）

PASTA

意大利面

如果要我选意大利面，我可以很快得出结论。因为我尤其喜欢意大利面发祥地——意大利南部坎帕尼亚大区格拉格纳诺以及萨莱诺省出产的意大利面。

我为何如此喜欢那些意大利面呢？首要的原因是价格昂贵！可能有人要问，难道只因为价格昂贵就喜欢吗？其实并没有那么简单，而是因为它有着价格昂贵的理由。

一般来说，日本常见的意大利面都是经过高温快速干燥加工的产品。然而，这个地区制作的意大利面却是低温长时间干燥加工。这里原本就讲究使用杜兰小麦磨制的粗粒小麦粉，采用长时间干燥加工更形成了意面富有嚼劲的口感。那不是可以快速吸溜的面条，越嚼越香才是它的价值所在。

这种意面格外考究，甚至引来了只为购买它而光顾我们店铺的回头客。同时，它也是令我在意大利第一次见识到意面之美的、具有纪念意义的产品。

在我们店铺销售的三个品牌中，特别值得推荐的是维奇多米尼与格兰内斯这两家的产品。

两种意面各具特色，让我有种"煮好后只用盐和橄榄油调味就能堪称美味的意面一定就是它们了"的感觉。实际上我真的认为，日本人最喜欢的意面应该就是这两种了。这就是识味之人无不熟知的美味。

坎帕尼亚的两百年意面老店

维奇多米尼的意面是什么来头?

Pastificio Vicidomini

家族生产,量力而行。只需静静等待风车
送来的风将意面缓缓干燥。

只要好东西不变,我们也无须改变

坎帕尼亚的意面你最喜欢哪个?嗯……这个问题回答起来有点困难,
但我还是要说,是维奇多米尼!

确切来说,他们是在临近坎帕尼亚,电车约一小时车程的萨莱诺省世
代制作意面的老企业。创业于 1812 年,相当于日本的江户时代。

这里的意面无论味道还是香气都不加修饰,讲求的是质朴而地道的清
香。有一次我去意大利出差,就在维奇多米尼兄弟中的弟弟马里奥先生带
领下参观了意面工房。那里外表看上去就是几栋连在一起的老房子,前面
是店铺,里面是包装间,隔着一个中庭再向里的房子就是制作意面的场所。
生产线只有一条。真正是世世代代由家族经营的意面作坊。

花不同的时间，制作不一样的风味

从上一代传下来的天然干燥室"切洛奇利罗"有着大大的窗户，自窗外吹来徐徐的自然风。富有时代感、貌似手工搭建的风车则将外面的风吹到意面表面进行低温干燥。这里没有温度管理系统这样的现代化设备，维奇多米尼兄弟只依靠皮肤感觉来判断意面的干燥状态。

短意面的干燥时间为 72 小时，长意面则可以达到 120 小时。所谓的工厂意面用热风干燥只需 30 分钟，相比之下他们所花的时间长得让人难以置信。

经过长时间干燥的意面含有丰富的蛋白质和氨基酸（鲜味成分），粗粒小麦粉的香气扑鼻，吃起来嚼劲十足。正可谓是深不可测的美味与完美口感的绝佳组合。

加工是否完成的判断标准是维奇多米尼兄弟的五感，其他任何人都无法模仿。这也是工厂意面所没有的特色。

2 毫米意式粗面

Pastificio Vicidomini 2mm（Spaghettoni）

在那不勒斯品尝到的感动，原来就是它！

　　这里要推荐一款能够令你瞬时体验到维奇多米尼意面之十足嚼劲的意式粗面。在意大利南部尝到的意面的嚼劲，让人陶醉的粗粒小麦粉的清香……只要是去过那里的人，一定都能回忆起那种风味带来的感动。就算没去过，有机会也一定要尝尝！意面的精髓就在于口感和小麦粉的香气。如此说来，熟悉自然干燥稻庭乌冬的日本人一定能够分辨并了解其中的深味。

　　我推荐的这种意面很长，老实说我之前没见过这种又粗又长的意面。这是唯有性格爽朗的维奇多米尼兄弟才会想到的、常人难以想象的尺寸……由于太长了，不能直接下锅。厨师一般都会用手将其掰成两半再下锅煮。

　　除了令人惊讶的长度之外，最关键的还有它的直径足有 2 毫米。在我眼中，长意面就该是粗面，而且粗面才能更好体会那种美妙的嚼劲。而到了那不勒斯，能找到的几乎就只有粗面。

　　原材料当然是 100% 杜兰粗粒小麦粉。普利亚大区阿尔塔穆拉原产，无农药有机栽培。光看到这个地名也能让老饕们振奋不已。首先请品尝这种 2 毫米粗面吧。对喜好粗面的人士来说，吃起来必然会一发不可收拾。

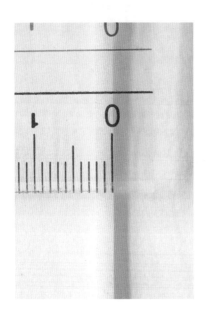

原产国／意大利
原材料／粗粒小麦粉
价格／1890 日元（1kg）

只用盐来煮熟，也能一扫而空

一般来说，意面都是要浇上酱料吃的，可是这种意面却只需要盐和橄榄油调味便已足够。面本身的香味已十分浓郁，因此就没有必要刻意去增添香味了。

意大利的大学生聚会时经常会做一种叫"素面"的东西。他们把意面煮熟后，撒上椒盐和橄榄油，有时还会加一点黄油，最后再削一点帕马森奶酪上去。仅仅是这么简单的调味，做出来的意面也让人百吃不厌。

意大利美食的死忠粉会一次买三五包回去。我真想看看掏出一万日元买意面的人都是什么样的表情。看来，他们已经被那种压倒性的美味给征服了！

粗管面

Pastificio Vicidomini Paccheri

原产国／意大利
原材料／粗粒小麦粉
价格／ 1890 日元（1kg）

超爱维奇多米尼的产品，
我家从没断过货。

若论短意面，当然要推荐粗管面

　　虽然在日本不怎么常见，但在那不勒斯，短意面的代表就是粗管面。严格来说，每种意面可以搭配的酱都不一样，可是粗管面的兼容性却很高。无论油类、番茄类、奶油类，任何种类的意面酱都能与它搭配。

　　这种粗管面的口感也与众不同。光是吃也能把人给吃累了。总之就是非常有嚼劲，吃之前必须做好心理建设！

格兰内斯公司／特飞面

Trofie

细心制作的东西，才能俘获人心

我一直与维奇多米尼并推的另一个品牌是格兰内斯。这可是最最正宗的格拉格纳诺原产。所谓格拉格纳诺原产也有各种标准，并不是单纯在格拉格纳诺生产就能如此称呼的。

那么，那个标准是什么呢？答案很简单，就是是否使用了传统的制作方法，特别讲究的是，是否采用自然风长时间干燥。

当然，这样就成了顺其自然的意面制作，难以给人稳定感。格兰内斯在专业厨师界评价很高，但真正使用的人少得出奇也是因为这个。每次煮

原产国 / 意大利
原材料 / 粗粒小麦粉
价格 / 864 日元（500g）

外形可爱的特飞面。与罗勒亲如兄弟，两者的风味十分调和。

意面的时间都会有很大出入……然而也有很多料理人说，好就好在那里！这是经过低温干燥加工出来的、真正口感柔韧的意面。我也认为，那可能是只消吃上一口就会被人追问"这是哪儿买的？"的品质。

此外，格兰内斯公司的产品种类还非常丰富，日本很少见的特飞面也能在他家找到。

特飞面是发祥于热那亚的一种短面，其语源是木屑或铁屑之意，将搓到 5 厘米左右的绳状面团左右拧转，就制成了这样的形状。

热那亚也是罗勒之城。使用罗勒制成的罗勒酱非常出名，也跟这种意面十分相衬。

COLUMN 3

店长丸冈的野心 ——
梦幻食材研究室开张啦

　　"嗨"食材室设置了一间专门负责奶酪和生火腿切片工作的办公室。

　　其理由是……不知各位是否碰到过这种情景？去买奶酪，但并不了解奶酪的味道。如果真想买到一个好吃的奶酪，动辄就要花上两千日元。虽然好吃，但是好贵（泪）。只要是好吃的奶酪，量少一点也无所谓。就算价格贵点，只要每次少买一些也能承受得住。

　　实现大家这种愿望的就是梦幻食材研究室。在这里，多个种类的奶酪都会被切成小块，组合成价格适中的什锦包装。挑选重点放在了餐厅时常会用到，但在网络销售中极为少见，能够让奶酪爱好者满意的特殊种类上。

　　在生火腿方面，我们追求的是手工切片的美味，就像到意大利加工肉店采购一样，给顾客们还原当地的美味。

　　手工切片与工厂自动化切片产生的味道截然不同，不仅风味与口感不同，连香气都完全不一样，就像寿司店的鱼肉，正因为是手工切片才会更加美味。只有专业人士才会知道，这种鱼要用多少力道去切才会更好吃。如果换成机器，无论软硬都会用相同的力度去切割，并且机器无法理解食材的心情。如果不去理解鱼和生火腿的心情，就无法切出真正的美味。

所以我们创建了这间研究室，亲手进行切片。这个研究室存在的目的仅在于此。

　　老实说，生产工厂必须大量生产同类产品才能赚钱。——用手工切割一点也不划算，所以没有任何人在做这种事。既然没有人做，我想，那不如我来试试吧。如果认真计算效益，我可能会亏损到吃不上饭，但人生苦短，为何不去践行自己认为好的事情呢？

　　我想要这样的东西，想吃这样的东西……只要还有人拥有跟我一样的想法，那我就要坚持下去。

　　我会请客人上门，穿着白袍进入研究室，亲自从整条生火腿上切片品尝。为了让客人了解手工切片和不使用防腐剂的真正美味，我还创立了工房。

　　2015年秋，法国分公司也正式成立。我们以"来自法国的赠物"为主题，从当地直航发送货物。由杭济斯市场越过重洋直接送到客人们手上，连同法国当地的美食氛围一道，把感动带给各位。

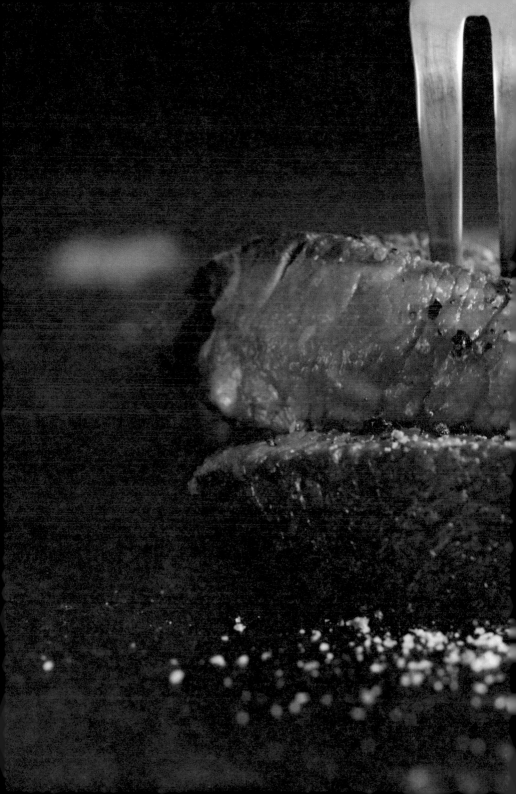

MEAT
&
FOIE GRAS

肉
&
肥肝

这里要推荐的肉也包括法国料理中会用到的鸭肉、肥肝，更高档的还有法国布雷斯鸡肉。

这样说可能略显啰唆，不过这些可都是顶级厨师实际在使用，但绝对不会出现在市面上的高级货。鉴于公司母体是东京都内屈指可数的法国、意大利专业食材批发商，我可以保证自己在这方面是十分权威的。

在我小学六年级的时候，家里就开始从事这一事业，那已经是二十五年前了！二十五年在这个行业已经算是老店，其间我们参考厨师们的意见，挑选出了独一无二的上等货色。此外，基础库存全都为专业厨师服务，商品的采购频率和流动效率都非常高，完全能够保证高品质的库存。

总之这些都是从我父亲那一代就刻印在我心中的珍品。三岁看老可是说得一点没错。

与此同时，我最近还开始关注红身牛肉（瘦肉）。随着年龄增长，我渐渐吃不下布满雪花脂肪的和牛了。说吃不下可能有点夸张，可是想吃肉的时候就该吃个痛快啊！然而和牛只消三片就能让我举手投降。当然，好吃是很好吃，只是我还想多吃一点啊。

我想起了捧着那块红身牛肉从公司回家的那个雨天。虽说是下雨天，因为我开车上班，那其实并不会影响到我。但我想说的是，无论晴天雨天，抑或是 BBQ 的时候，我都会想首选红身牛肉来吃。想必所有追求简单直接、最具牛肉风味之牛肉的人都会与我产生共鸣。

苏拉尔公司 / 新鲜鸭胸肉

Fresh Magret Canard

参考大厨意见最终选择的商品

　　摘取肥肝后的副产物，一般都是农家自己食用的鸭胸肉。这是兼具肥肝风味，味道优雅又具有野性的最高级鸭肉。其肥美多汁让全世界的美食家都垂涎欲滴，脂肪的鲜美令人难以想象。与国产鸭相比，这种鸭的养殖时间更长，因此体型更大，又因为平时有一定运动量，其肉质纤细而紧实。

　　可用加热到200℃的烤箱灼烤5 ~ 6分钟，切成5毫米厚的肉片，蘸取芥末酱油食用。也可以将脂肪面朝下在平底锅里煎制，再捞起煎出的肥油

原产国／法国
原材料／鸭肉
价格／ 2268 日元（约 350g ）

几乎能看到肉汁渗出的断面，这就是鸭胸肉的精髓。请在重要的日子，做给重要的人品尝。

淋在红肉表面，利用肥油传导热量。日本和巴黎的著名荞麦面店会用它来制作鸭南蛮荞麦面。

　　我们店里的鸭胸肉一直指定苏拉尔公司供应。这是在超过二十年的食材经营中获得众多知名大厨推荐，最终决定下来的。

　　苏拉尔公司位于法国大西洋沿岸的旺代省，创始于 1930 年，是法国顶级的鸭肉供应商。他们以重视品质为座右铭，从肉鸭孵化到包装，严格管控生产过程的每个阶段。细心的处理，肥美的肉质，完美的脂肪比例以及风味。买鸭肉绝对是这家最好。

被誉为世界顶级鸡肉

弥耶拉尔公司 / 布雷斯鸡

Poulet de Bresse

在奢华的环境中茁壮成长

　　法国唯一获得原产地 AOC 认证的鸡便是大名鼎鼎的布雷斯鸡。其中理由只有吃过的人才能理解，因为只有他们才知道那典雅而让人印象深刻的美味。鸡腿、鸡胸、鸡翅，所有部位肉质都各具特色。

　　AOC 认证是针对特定产地农作物的保护管理制度，对原产地和养殖条件都进行了非常严格的规定。

　　而在布雷斯的生产者中，1909 年创建的弥耶拉尔公司更是获得了法国众多知名大厨的绝对信赖。遵守严格的 AOC 规定在弥耶拉尔公司仅是最低标准。他们一直以来都追求超过标准的高品质，全力投身于养殖事业。

　　比如规定中每只鸡平均需要 10 平方米的室外活动环境，弥耶拉尔公司则完全不限制空间放养。另外，规定中还准许使用奶粉作为饲料，弥耶拉尔公司则坚持使用纯牛奶或人类饮用的奶粉。不仅如此，AOC 规定肉鸡出生后 5 周内可以在笼中饲养，而弥耶拉尔公司为了保证肉鸡能够茁壮成长，在第 15～20 天后就开始放养了。

　　这种鸡肉价格固然昂贵，但我更希望能够把它提供给时间充裕，而非金钱充裕的客人。希望他们能用心对待布雷斯鸡，花时间精心烹调；悉心品尝鸡腿、鸡胸、鸡翅等所有部位。法国顶级鸡肉布雷斯鸡会给你带来终极的味觉冲击，不愧是美味的保障。若每一位购买它的客人都能享受烹调和食用的乐趣，享受它完整的风味，便是我们无上的荣幸。

AOC 在葡萄酒界非常出名，而获得这一殊荣的鸡肉却只有布雷斯鸡，其品种属于原鸡属（Gallus）。

原产国／法国
原材料／鸡肉
价格／时价

可谓法国最古老生产商

卡斯坦公司／新鲜肥肝

Foie Gras de Canard

从肌肉结实的肉鸭中获取，高度凝缩的强烈甘美

内行人听了一定会惊讶地说："什么！你家有卡斯坦？"这家公司可能是法国最古老的肥肝生产商。法日两国的超一流餐厅都在使用他们家的肥肝。

只需看一眼切割前的肥肝，就知道那是从肌肉非常结实的肉鸭身上获取而来。那也难怪，因为这家公司的出发点就是饲育身体健壮的肉鸭。自然饲育，不使用人工饲料，而是由签约农场提供玉米作为饲料，这便是卡斯坦的传统养殖方法。

这种方法培养出来的肥肝以淡黄的色泽为特征，表面有一丝粉色，甘香浓郁。因为从来不追求规格大小，它看起来比较小巧。下锅煎制很容易就能煎出肥油，肥油完全排出后，就能闻到肥肝散发出的强烈甘甜。

在自然环境中使用天然饲料，培育纯天然的肉鸭。这样才能获得可放心食用的肥肝。

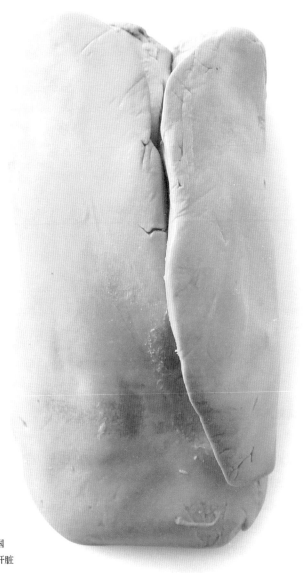

原产国／法国
原材料／鸭肝脏
价格／时价

巴斯克原产 / 肥肝

Pays Basque Foie Gras de Canard

不施加任何压力饲育，不进行填鸭式喂食

这里是巴斯克地区更靠近西班牙一侧的南巴斯克。生产者们为了追求更完美的味道，用独特的方法制作肥肝。

首要条件就是不给肉鸭施加任何压力。白天把它们放在全长超过两千米的宽阔空间里放养，更设有水塘确保其运动量。日落之后让它们回到各自独立的小屋中，在里面它们依旧能够自由活动。房间温度保持在 22℃，还设有风扇降温，环境也一直保持清洁。

原产国／法国
原材料／鸭肝脏
价格／ 1274 日元（50 ~ 60g）

切片分量十足，风味浓郁，让人想大叫这才叫正宗肥肝!

　　还有一个最大的特征，就是只在肉鸭想吃的时候投放饲料，也就是完全不使用填鸭式给食法，让它们自然成长。这样一来，肉鸭的成长时间就比平常要多出整整 25 天。

　　投食限制在清晨五点和下午四点两次，每次投食只有短短六秒，非常注意保护其食道内壁不受损伤。饲料基本都是干燥到一定程度的玉米和小麦，在肉鸭没有食欲时不会强行投喂。

　　这样饲养形成的风味恰是最正宗肥肝那种大胆而典雅的味道，吃起来与高档黄油非常相似。其品质也格外新鲜。烹调方法非常简单，无须小麦粉，直接以椒盐调味，用平底锅煎一下就 OK 了。

只追求柔软肉质的时代结束了

海洋牛肉公司 ／ 1磅牛排

1 Pound Steak

450g，让人着迷的魄力，这牛肉可不一般

不掺杂任何别种风味的纯正美味红身肉。说到红身当然是首选牛后腿肉，而且还要是安全标准和环境等都让人无可挑剔的新西兰产的。

新西兰全年气候稳定，降水充沛，有着澄清的水和丰饶的土地。因为是被大海环绕的岛国，很难出现重大传染病，是个非常理想的畜牧国家。

在这种环境中生长的牛不会被强行饲喂，而是通过运动长出自然的雪花牛肉。当然，肉牛在没有压力的环境中生长就意味着其肉质不会变硬。并且这里不使用任何成长激素和类固醇，坚持产出天然牛肉。饲料以牧草为主也是肉质甜美的重要因素。

将牛肉冷藏进口，再用我们的液体冷冻机急速冷冻。这样能够最大程度防止损伤牛肉纤维，保证肉质不会变柴，以最新鲜的状态送到每一位客人手上。

所以各位即使在家中烹调，也请使用专业人士的冰点解冻方法。只需将牛肉在冰水里浸泡三小时即可。然后再按照以下方法烹饪，就能彻底改变您对牛肉的认知。

首先把泡好的牛肉包在厨房纸中放置，使肉心完全解冻到室温状态。然后撒椒盐，在觉得盐是不是有点多了的时候停手就刚刚好。再加热好煎锅，浇上分量略多的橄榄油，以类似油炸的感觉用猛火煎制。一面半熟以后翻到另一面，待两面都煎好后起锅，将牛排包在铝箔纸里醒十分钟左右。这样就能做出中心保持 rosé（58℃）状态的极品牛排。最后只需撒盐即可食用。

将表面煎至定形，中间保持 58℃ 的极品牛排。觉得红肉太硬的人可以试试这种 58℃ 制法。

原产国／新西兰
原材料／天然牛肉
价格／1814 日元（约 450g）

单凭熏香就能想象出它的美味

海洋牛肉公司／肋排

Rib Steak

海洋牛肉的顶尖产品，所谓"霜降肋排"

　　这是整头牛最高级的部位——霜降肋排。而且还是去除了外缘坚硬部分，最为美味的中心部位，别名眼肉（Ribeye roll）。

　　这种肉的特征是完美无瑕的红身和圆点状细腻而充满艺术气息的脂肪。不过海洋牛肉公司向来坚持不强制投喂制造脂肪的饲养环境，实际煎好的牛肉中，脂肪会完美融入红身部分，化作柔滑细腻的口感。

　　这种霜降肋排的卖点在于将近三厘米的厚度和魄力。嗯？您说厚牛排连专业厨师也很难做好？这点无须担心。因为此时素材本身的质量就发挥了最大作用。异常柔软的霜降肋排导热性极佳，只要在煎制时注意火候，就能做出不逊于大厨的水平。

　　牛肉解冻后先按一按，您必定会惊讶于它十足的弹性。煎好的牛肉也完美保留了那种美妙的感觉。煎制、品尝，然后尽享美食带来的喜悦便可。

只需用椒盐调味。我比较喜欢切成小
块摆盘，营造一种意大利风情。

原产国／新西兰
原材料／天然牛肉
价格／2580 日元（约 400g）

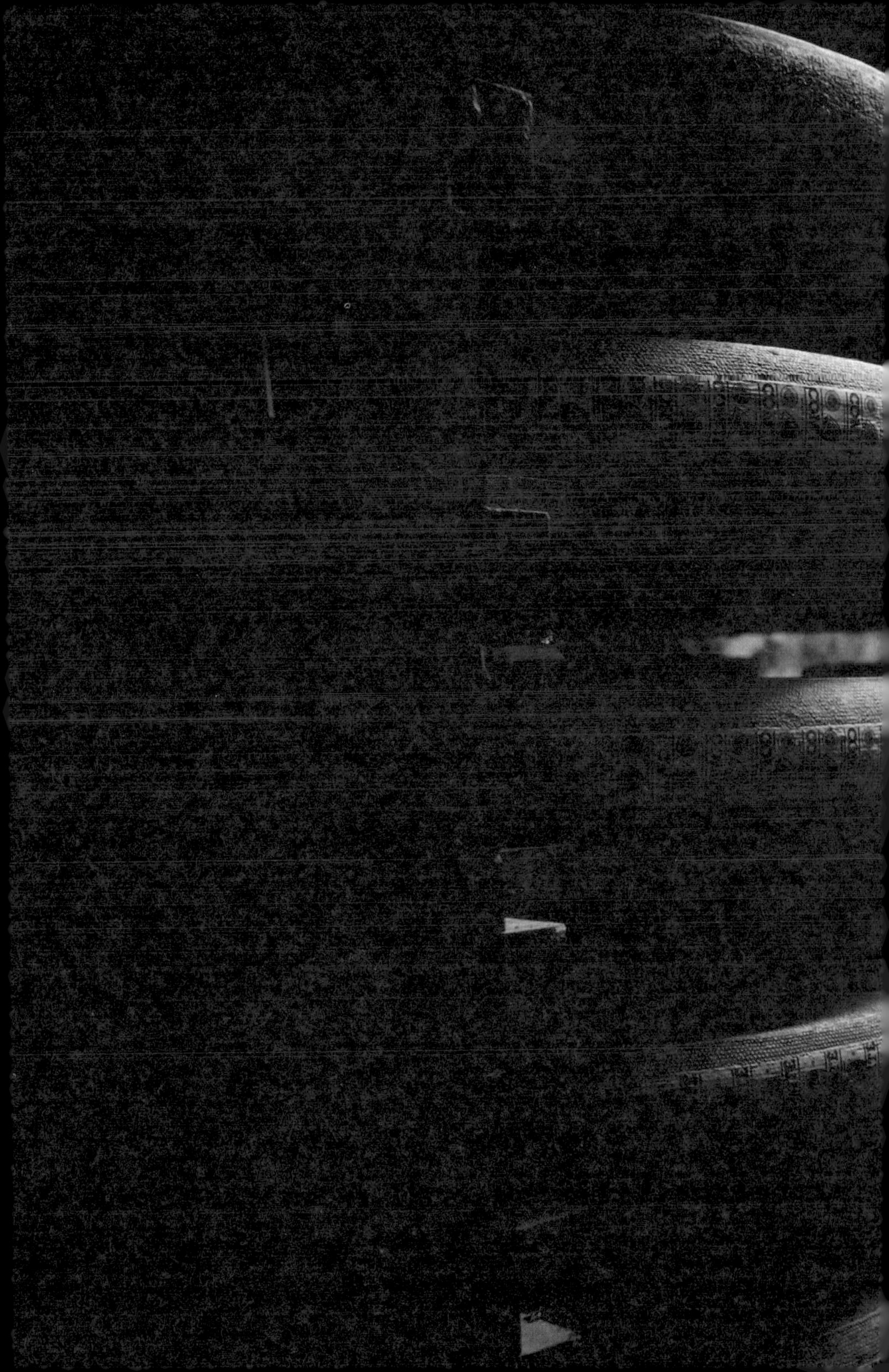

CHEESE II

法国奶酪

我二十几岁时曾在专门从事奶酪进口的外贸公司工作，如今已经过去十五年了。当然，我认为还有很多人比我更懂奶酪，但我也有信心，特殊奶酪这方面的知识决不会输给任何人。

　　我们几乎从不出售所谓的加工奶酪。虽然那种奶酪经过加热、杀菌，并添加乳化剂进行固化，优点在于保质期长、风味统一，然而本店销售的是未经加热杀菌处理的传统奶酪，也就是所谓的天然奶酪。货品数量超过300种。

　　当然，并不是说种类越多越好，更重要的是此间的经验和因为这些奶酪交到的朋友们！我希望能赌上此前所有积累，全力推广这些奶酪。说到法国，最好的奶酪当然来自埃尔韦·蒙斯，他可是奶酪大国法兰西最受尊重的熟成师。

　　以前我们店里浩浩荡荡地陈列着法国所有品种的奶酪。然而有一段时间，蒙斯的奶酪停止出口，本店也无法再公开推广法国奶酪。就这样没有更新，没有策划，毫无干劲地过了一段时间，直到蒙斯奶酪恢复进口，我们再次马力全开地展开了宣传，为每一位客人送上新鲜可口的法国奶酪。

　　就在那段空白时期，蒙斯先生和弟弟罗兰一起修建了巨大的隧道熟成库"科隆日仓库"！从下一页开始，我将为您详细介绍他们的奶酪的无限魅力。

MOF 埃尔韦·蒙斯是谁？

Mons MOF

出身露天市场奶酪世家，让大名鼎鼎的特鲁瓦格罗赞不绝口

　　问个略显突兀的问题，你心中最理想的奶酪是什么样的？

　　我的理想是有着用数字无法管理的风味、香气……巧妙利用五感做出的、言语难以形容的奶酪。如果在法国，那就是埃尔韦·蒙斯家的奶酪了。

　　其实，蒙斯奶酪的出口曾经中断过三年。在此期间，我们数次远渡法国，希望找到其他并非工厂生产，而是由熟成师加工的奶酪。并因此结识了很多人，也品尝了众多奶酪，进行了一番摸索。然而那些奶酪始终无法让我满意，最终不得不放弃另觅他家的想法。就在我格外怀念蒙斯的奶酪时，他又重新开启了出口业务。

　　蒙斯是首批（2000 年）荣获 MOF* 奶酪部门名誉熟成师称号的人之

一。MOF 是法国每年举办的国家最高职人评选赛事，在 MOF 比赛上获奖是所有职人的梦想，也是最高荣誉。现在这个奖项已经评出了超过 10 名奶酪熟成师，但第一代 MOF 熟成师蒙斯依旧享有极大的声望。

他出生在法国著名奶酪产地奥弗涅。他的父母尤贝尔和罗兰每天会在车上装满奶酪，拉到美食之城里昂郊外的露天市场去卖。从小就在奶酪环绕下的蒙斯与弟弟罗兰长大后都毫不犹豫地选择了成为奶酪熟成师的道路。在家庭、环境和孜孜不倦的研究精神引导下，蒙斯还遇到了堪称法国餐厅第一人的特鲁瓦格罗，并在他的帮助下确立了今天的地位。在停止出口期间，他还新建了一座科隆日仓库。

* Meilleur Ouvrier de France（国家优秀职人奖），由法国劳动部组织评选，奖励在某一领域掌握独特技术的专业劳动者。

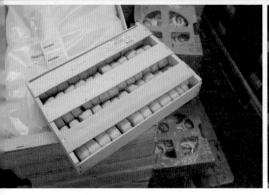

科隆日仓库坐落在一个名为安比尔的
村庄里。它是蒙斯与一直在摸索如何
利用隧道的村民们共同开发的项目。

那是利用已有一百年历史，如今已成为废墟的铁路隧道改建成的巨大熟成库。蒙斯原本使用天然洞穴进行奶酪熟成，有了这座熟成库，他每年就能完成超过 50 吨的熟成量。

如今，他与弟弟罗兰就在那座熟成库里辛勤工作着。

全长 200 米的奶酪熟成圣殿

隧道内全年温度保持在 10℃左右，湿度也稳定在 90% ~ 95%，非常适合奶酪熟成。蒙斯在此基础上引进最新科技，安装空调设备，保持环境卫生，将隧道内改造成了最适宜奶酪熟成的环境。

说了这么多，其实更主要的还是利用天然环境，仅仅安装了排出二氧化碳、置换新鲜空气的换气设备而已，整个熟成过程依旧跟以前一样，是依靠自然作用完成的。适应奶酪特性的彻底的人工管理，丝毫不放过任何变化的工作态度，这些即使在熟成库变大以后也没有改变。

另有一点，以前部分奶酪会寄存在熟成公司，每周用卡车运回，在自家熟成库里进行最终调节。不过在这座巨大的熟成库建成后，他们终于能将奶酪一口气收购回来，寸步不离地监视熟成过程了。少了中间那个步骤，就能够进行更为缜密的观察。

那么，从下一页开始，我就要火力全开地介绍蒙斯奶酪了。希望各位能够一点点了解蒙斯奶酪的美味。

盛开华丽的酪菌之花，绵滑诱人的口感

圣内克泰尔农家奶酪

Saint Nectaire Fermier

用高原花草养育奶牛

圣内克泰尔奶酪出产于蒙斯的故乡——奥弗涅。这里的奶牛以高原繁盛的花草为食，产出的牛奶制成奶酪，连著名的路易十四都钟爱不已。

这里的奶酪完全是农家自制。蒙斯会亲自来到这里，与农场主们面对面交谈，把奶酪制作托付给多年诚信往来的老朋友。奶酪制成后他会上门收取，送到专门建造的罗什福尔仓库进行熟成。这就是他对奶酪投入的热情！

随着熟成深入，白色奶酪上会长出红色和黄色的鲜艳酪菌。这是高原牛奶制成奶酪的一大特征。

原产国／法国
原材料／生乳、食用盐
价格／时价

是谁在哪里养的牛，那些牛平时都吃些什么……这一切信息都有据可查的真正农家奶酪。

　　蒙斯甚至对奶牛食用的高原花草都了如指掌。他使用整整 15L 牛奶制作一块约 1.5kg 重的奶酪，其中凝聚了最浓郁的风味。

　　牛奶浓郁的风味中还有奶牛采食丰富高山植物形成的天然矿物感及果香，同时还不能忘了熟成师融入其中的绵滑诱人的口感。在味蕾上迅速化开的美味和沁人心脾的香味都让人欲罢不能。

　　从冷藏柜里取出奶酪后，请不要着急，先切出需要用的分量，让它缓缓解冻到常温状态。随后千万别贪心，先切下大约 6 毫米的小片，体会一下奶酪在舌尖慢慢化开的美好。

18 个月熟成／孔泰珍藏奶酪

Comté Réserve 18 mois

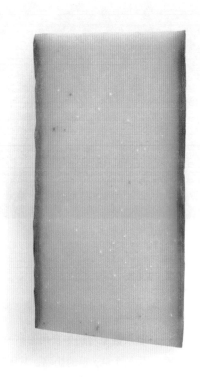

如同熔岩流淌一般缓缓散开的浓郁奶香

　　孔泰是法国人最熟悉的硬奶酪。蒙斯开在法国当地的店铺也全年都在销售这种奶酪，缺它不可的老饕们都很理解它高过普通商品一倍以上的价格。

　　孔泰奶酪的制作也从挑选农场开始。目前，与蒙斯签约的有四家农场，奶酪都依照 AOC 标准进行至少 4 个月的熟成。

　　蒙斯有一项非常重要的工作，就是对饲养奶牛和制作奶酪的农场进行

原产国 / 法国
原材料 / 生乳、食用盐
价格 / 6480 日元（约 400g）

孔泰奶酪上也会出现红色和蓝色的鲜艳酪菌花，那是优质高原奶的标志。

深入指导。他会频繁造访农场，检查奶牛食用的花草、熟成库的状态以及管理方法。随后他会把那些奶酪运到科隆日仓库进行进一步熟成。

这种奶酪也有着入口即化的美味。它的风味浓郁，奶香如同熔岩流淌一般缓缓散开。这种诱人的奶香正是蒙斯着重管理奶牛饲料得到的回报。

在蒙斯家店铺二楼的品尝区能吃到店长波瓦西精心挑选的奶酪美食。波瓦西是同样获得了 MOF 认证的奶酪销售师。他家的孔泰奶酪能够融入每一道菜肴的风味深处，散发出极具魄力的存在感。一般认为应该用它来搭配红酒，那里却有很多客人喜欢搭配其享用冰镇过的爽口白葡萄酒，令人印象深刻。

为了这个味道，有人甘愿在山中小屋度过夏天

阿尔卑斯高山夏牧场
博福尔奶酪

Beaufort d'Alpage

传统制法孕育出阿尔卑斯自然公园的气息

这是在海拔 1650 ~ 3000 米的阿尔卑斯山间小屋制作的硬奶酪。因为非常耗费精力和财力，很少有人生产，也因此而弥足珍贵。

每年 6 ~ 10 月，牧民会在每天去山上放牧时，到小屋里制作一到两个这种奶酪。早上把牛奶挤出来，两个小时之内就开始了奶酪制作，使用的还是最为传统的真正凝乳。

凝乳是将牛崽皱胃的胃壁（caillette）干燥后，加入此前制作奶酪时留下的乳清炖煮获得的。不过现在实验室提取的液体凝乳已经普及，几乎所有生产者都会使用采购来的凝乳。

这样制成的博福尔奶酪经过 5 个月熟成后就被运送到科隆日仓库。接下来每天都要用麻布打磨外皮，上下翻转，进行至少 14 个月的熟成，以提炼出最佳的口感和香气。其风味如同阿尔卑斯自然的气息。

在高山上放牧 120 头塔兰特牛，用它
们的牛奶来制作这种奶酪。

原产国／法国
原材料／生乳、食用盐
价格／ 7371 日元（约 350g）

自然界细菌生成的梦幻蓝纹

泰尔米尼翁蓝纹奶酪

Bleu de Termignon

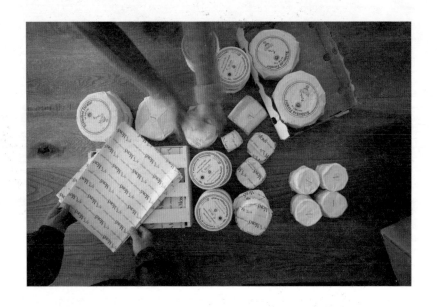

梦幻蓝纹泰尔米尼翁。终于结束熟成，
等到了出货时刻。

即使熟成时间相同，也能各具特色

为何说这种奶酪是梦幻的呢？因为它的蓝纹源于自然界本身存在的细
菌。意大利的戈贡佐拉和法国的布勒·德·奥福格这些具有代表性的蓝纹
奶酪都是人工植入青霉菌，然而泰尔米尼翁则是100%纯天然的蓝纹奶酪。
即使在熟成阶段，也不会进行任何外部干预。由此而生的个体差异非常明
显，即使熟成时间相同，成品给人的感觉也会截然不同。

原产国／法国
原材料／生乳、食用盐
价格／ 5972 日元（约 350g）

　　不以产生蓝纹的青霉菌为触媒的奶酪还有意大利的卡斯特马里奥。而泰尔米尼翁之所以珍贵，是因为目前这种奶酪的生产者只在萨沃伊的泰尔米尼翁有五六家，并且那里是自然公园保护区，今后生产者的数量也不会继续增加。

　　这种奶酪的特征，首先是伴随着酥软口感扩散开的奶香。另外还有与其他蓝纹奶酪截然不同、极具个性的青霉香。

　　毕竟是纯天然的产物，同一块奶酪里的蓝纹也绝不均匀，每一个切口显出的蓝纹时多时少。不过味道绝对是一样的，无论从哪个部分开始吃，都是蒙斯的泰尔米尼翁蓝纹奶酪。

限时特供的禁断之味

蒙多尔奶酪

Mont d'Or

匠心之作，余韵悠长

　　进入秋季，法国大街小巷对奶酪的热情就会被蒙多尔点燃。就连平时不吃奶酪的人，也会把蒙多尔当作例外。一年一度的这个季节，等待起来该是多么让人心焦啊。

　　蒙多尔只能在孔泰奶酪生产季结束后继续使用同一个锅子来制作，因此每年只有几天时间能够生产。那种禁断的美味是只在这个时期才能够体会到的乐趣。而且职人的奶酪每年都会有些不同，这也让每一年的乐趣都无比新鲜。

　　这种奶酪最基本的吃法就是直接端起木盒，揭掉外面的皮，用汤匙搅一搅，然后舀起来吃。还可以在里面加入大蒜和白葡萄酒，撒一层面包糠，

原产国／法国
原材料／生乳、食用盐
价格／6500 日元（约 450g）

尚未品味过蒙斯匠人风范的人，建议
从他家的蒙多尔奶酪入门。

　　放进烤箱里做成只有这个季节才能享受到的美味。用面包、饼干或土豆蘸着吃也是绝味。

　　先用汤匙舀起一勺放进嘴里。牛奶的香甜在舌尖化开，留下浓浓的余韵。

　　奶酪口感非常扎实，黏稠而醇厚。这可是阿尔卑斯山上挤出的新鲜牛奶经过不断浓缩而成的蛋白质和氨基酸复合体，再加上占领鼻腔的浓郁香气，蒙斯制作的蒙多尔奶酪简直堪称魔鬼之味。

　　与机械化时代大规模生产的蒙多尔不同，他的蒙多尔仿佛让牛奶获得了重生。每天品尝一点点，就会发现它每一次都展现出了不同的面貌。让人感觉这是一种特别具有男子气概的帅气奶酪。

让人觉得吃掉它太可惜的奇妙存在感

布里亚·萨瓦兰
熟成奶酪

Brillat Savarin Affiné

脂肪含量达到 70% 以上，
别名"三倍乳脂"。

原产国／法国
原材料／生乳、食用盐
价格／ 3434 日元（200g）

美丽的波纹状表皮甚至能让人感觉到艺术气息

　　布里亚·萨瓦兰的历史非常久远，新鲜奶酪经常用来搭配早餐。不过我要介绍的这种却是经过两到三周熟成的奶酪。这种奶酪的熟成过程中有着许多长期熟成不会碰到的困难，很难遇到真正好吃的成品。

　　在蒙斯的商店里点奶酪菜品时，会发现它被放在了最前面，仿佛在暗示你要从这里开始品尝。它那覆盖着一层薄薄白菌的褶皱表皮极具存在感。那不仅仅是单纯的漂亮，而是散发着凝聚了考究之魂的压倒性的气魄，可谓是一件艺术品。这仿佛就是将蒙斯和奶酪农场的心声化作实体的产物，其中蕴含着希望让所有人品尝到真正美味的满满祈愿。

　　这种奶酪也请解冻到室温再食用。从第一口开始就能感觉到品质极佳的牛奶风味。使用不杀菌奶，保留了真正原奶的味道，那种醇厚的奶味和微妙的白霉香气更是搭配绝妙。一旦品尝过，肯定会有人想大快朵颐，但还是请你一点一点放入口中，享受那种在舌尖化开的美好。

梦幻食材研究室的派对 ——
有一样美味，就足够了

　　我不知道自己还会跟食品打交道多久，只是我还有很多很多想介绍给大家的食材，暂时还没有退出江湖的想法。毕竟，有什么能比得上美食呢？

　　假设你正跟一个自己最喜欢的人在一起，最最希望摆在眼前的，除了美食还会有什么呢？跟某个人一起吃的东西，当然是越美味越好。如果要一起度过用餐时间，也当然会希望桌上摆着美食。

　　东西越好吃，我们就会笑得越开怀。哇！这个真好吃！只要东西好吃，就万事 OK 了。

　　虽然我心里是这么想，但实际上在家里招待别人这种事……从来没尝试过。我曾经在公司的定期宣传邮件上写到过自己的生活："我好厉害！今天也辛勤工作了一天，用便利店便当奖励自己！"

　　同时我也会想，今天有人采购这么棒的食材呢，某个地方可能正在开家庭派对吧？竭尽全力为那些客人服务，就是我们的工作。

　　一想到派对的盛况，我就会特别高兴。哇，今天又有人采购这种肥肝了！尽管我现在的生活过于忙碌，没时间在家里做这种料理，但还是希望有人能够因为我的食材让幸福感更上一层楼。希望他们都能更开心。某种意义上说，那就是我的梦想。

我向来认为，真正好吃的东西，只要有一样就足够了。就算是派对也无须大费周章，消耗过多的精力。

招待客人的关键在于让他们开心，以及给他们带来惊喜。只要能在心中留下美好记忆，就算是成功了。被邀请、得到祝福固然会很高兴，但只有让那些经历成为记忆始终留在心中，才能有幸福感。高兴这种一瞬间的情绪不会一直保存在心中，但幸福的记忆却能一直持续下去。这让我不禁感慨，留在一个人的回忆里真的很重要啊。

只需要一样就好。希望你能了解"嗨"食材室，让我们为你送上一种美味。如果它给你带来的不仅是瞬间的美好，而是让你知道了美食的乐趣，因为这样选择才得到了这样的快乐，那就说明我们的存在是有价值的。

我们希望能让客人们高兴，并因为那种开怀而感到幸福。因为一种食材，派对气氛达到了高潮；因为一种意面，你成了全场的明星……能让你留下这样美好的回忆，也是我们最大的幸福。

TRUFFLE

松露

松露是一种极致美好的真正慢食。每年的可采集时间非常短暂，每到那个季节，我就会如同瘾症发作一般想闻松露的气味。

　　现在的我虽然很喜欢松露，以前却难以理解它的魅力。记得我 18 岁那年，刚刚考取驾驶执照时，父亲知道我手痒得不行，就扔了一箱松露过来让我去送货，那便是我和松露的邂逅。我记得送货地点是涩谷的一家餐饮店。当时只看到一个个黑色的"恶魔之球"被小心翼翼地装在泡沫塑料箱里，送货单上印着几十万日元的货款。这到底是什么东西？我全程带着这个疑问完成了送货。

　　直到年近 40 岁的现在，我才终于理解了它的好。每年一次的应季时机绝对不想错过！我最喜欢的吃法是用它来制作烩饭，以及意大利干面条（tagliatelle）等搭配鸡蛋面的料理。松露拌在烩饭和面条里，会散发出令人如痴如醉的浓郁香气，这就是它的魅力所在。

　　"嗨"食材室每年都会搞个大动作，从意大利北部皮埃蒙特大区的阿尔巴市收购新鲜松露，空运到日本。虽然有许多类似的商品，但我很想大声说："不是这种就不行！"那里的松露有着任何其他货品都无法替代的极高品质。就算看起来差不多，其本质也有很大区别。那些松露就是跟别的大不一样。每次切片之前闻到它散发着的诱人香气，我拿着切片刀的手都会止不住激动地轻颤，难道只有我这样吗？每当看到有客人来购买，我也会羡慕得不得了！

正因为是松露才应该选择"名门"出身

塔图弗兰格公司／生鲜冬松露

Tartufo Bianco Fresco Juvernale

在松露之城阿尔巴也备受关注的品牌。
城里最好的餐厅用的就是他家的松露。

原产国／意大利
原材料／生鲜松露
价格／时价

收到货的那个瞬间就无比幸福

　　我可以自豪地说，只有我家才会销售品牌明确的生鲜松露。正因为是高价商品，才更应该标明产地和生产商。我们是从意大利皮埃蒙特大区阿尔巴市的松露老店收购最高级的松露，直接空运到日本进行销售。

　　在切片前它散发的香味就与众不同！本身采收时的分级方法就非常特别，送货时间还非常短，发出订单后第二周就能收到了。由于松露里的水分会随着时间迅速流失，运输速度就成了非常重要的因素。不仅如此，整个过程的保管、包装、运输等管理都贯彻到底，以保证松露的最佳状态。

　　肥肝酱里加一把松露会格外好吃，松露跟鱼和奶酪也非常搭配。有时就是会突然想闻到那种香气，今天闻不到就感觉人生特别灰暗。总之，这种松露能让我们明白什么叫不可替代的价值。

白松露就该买带编号的 ·

塔图弗兰格公司／生鲜白松露

Tartufo Bianco Fresco d'Alba

价格比黑松露高出几倍的白松露

白松露极为稀有，可以说只在意大利北部才能采集到，因此它的交易价格比黑松露要高出好几倍。制作料理时也一样，黑松露可以大量使用，白松露却被当成香料，只取其一点香味，使用量非常少。另外，黑松露需要加热，白松露则是用专门工具直接削落在料理上面生食。

如此稀有的白松露最有名的产地就是皮埃蒙特大区的阿尔巴市。我们店里销售的白松露都带有证明产地的序列号。其大小、香气、色泽全部经过阿尔巴松露协会认证。即便同样是阿尔巴产，低于 50g 的白松露都无法获得序列号。

同时，塔图弗兰格公司也是最值得信赖的企业。他们会根据松露生长的地点安排固定人员去采集，因此他们都掌握着采集松露的最佳地点。不仅如此，他们在当地的松露节上也很有名气。

打开空运来的泡沫塑料箱，尽管还隔着好几层包装，就已经能闻到一股浓浓的松露清香。每一颗松露的大小、形状和香气都如此完美。

因为松露本身品质极高，请尽量搭配简单的料理享用。比如只用帕马森奶酪调味的烩饭和意面等。

原产国／意大利
原材料／生鲜松露
价格／时价

SEAFOOD

海鲜

我最近虽然特别钟爱法国料理，但原本也非常喜欢日本料理。如果让我在和食与西餐中间做出选择，最终留下的很可能会是和食。因为没有什么东西能比日本的海鲜更美味啊。你说，九州的鱼怎么会那么好吃呢？我经常会产生这种感慨。

　　另一方面，欧洲海鲜就有着比较特殊的味道。不过那种味道也同样具有魅力，那里也早已有适合那种特色的保存和烹饪方法，以及与之相配的葡萄酒，我想，这已经构成了一整个灿烂的饮食文化系统。

　　美食存在于世界每一个角落。而"嗨"食材室销售的来自地中海和大西洋的海鲜，就是我了解的、并且有自信让大家都喜欢上的美味。

　　虽然公司也会经手鱼子酱和龙虾这种高级食材，但我在世界末日时会选择的则是金枪鱼、鳀鱼和青口贝。可能有人会说这个选择太大众了，但是要知道，我说的可不是普通的金枪鱼、鳀鱼和青口贝。

　　我很喜欢金枪鱼刺身，但唯独金枪鱼罐头我不会买日本产的。意大利的金枪鱼罐头并非鱼片，而是肉块，吃起来有种类似红肉的口感。那是我最喜欢的感觉。

　　青口贝肯定要选法国著名世界遗产圣米歇尔这个产地的。那一带风景优美，我 25 岁去旅行时在那里留下了美好的回忆，不过这并不重要，我先来介绍一下那里的青口贝究竟是怎么个好法。

来自海鲜宝库布列塔尼的鲜活美味

布列塔尼原产 /
圣米歇尔湾布韶青口贝

Moules de Bouchots de la Baie du Mont St Michel

柔滑的口感，甘美而丰盈的风味。如
果是初次尝试，最推荐能够轻易品尝
出食材好坏的酒蒸做法。

原产国 / 法国
原材料 / 青口贝
价格 / 时价

专业从事贝类养殖四十年以上的资深团队

法国布列塔尼地区的圣米歇尔湾是著名的牡蛎和青口贝产地。

那里的青口贝于 2006 年获得了海产品首个 AOC 认证，是政府正式承
认的优秀产地。

那里的青口贝确实有着其他地域无法比拟的最高品质。两片贝壳里塞
满了肥美的贝肉，橘色的贝肉有着奶油般入口即化的浓郁风味。千万要注
意，一旦吃过这里的青口贝，就再也瞧不上别的青口贝了！

我最想介绍给大家的是库恩公司的青口贝。库恩公司是由贝类养殖业
十分兴盛的布列塔尼以及诺曼底地区总共 33 个养殖场组成的生产集团，
旗下全是拥有四十年以上养殖经验的资深团队，以圣米歇尔湾为中心，在
各地展开养殖业生产，全年都能提供高品质的产品。

肉质紧实、存在感十足的日本鳀

巴莱纳公司 /
鳀鱼罐头

Filetti di Acciughe

鱼的品质非常好。与其他产品比较着
品尝就会发现确实如此。

原产国／意大利
原材料／日本鳀、橄榄油、食用盐
价格／ 1134 日元（90g）

因为只用好鱼制作，时常会断货

　　这是切萨雷·巴莱纳 1870 年在佛罗伦萨创建的鳀鱼加工厂。从那时起便与其有贸易往来的格拉家继承了公司事业，并将其延续至今。

　　除日本鳀、盐、特级初榨橄榄油这些原料之外，不使用任何添加剂或防腐剂。

　　在地中海西班牙沿岸捕捞上来的日本鳀会就地加工……很多商家都采用这种做法，不过巴莱纳公司使用的鱼本身更优质。如果做成刺身，好鱼和劣质鱼的区别自然非常明显，然而做成罐头食品依旧能吃出差别就真的很厉害了。巴莱纳的产品每年会出现好几次断货期，这也是精挑细选的佐证啊。

　　鳀鱼可以夹在面包里食用，或者切碎混合在软化的黄油里做成黄油鳀鱼，做成皮埃蒙特独有的蔬菜鳀鱼酱也非常好吃。

喜欢得想抱着它睡觉

巴莱纳公司 /
油浸金枪鱼罐头

Tonno Sott'olio

从瓶子里掏出来就是这种整块的鱼肉，
连这个形状我都爱得不行。

原产国 / 意大利
原材料 / 黄鳍金枪鱼、橄榄油、食用盐
价格 / 1490 日元（190g）

中间一大块鱼肉！让人难忘的那不勒斯前菜

　　我喜欢上它的契机，是有一次到那不勒斯出差时，在城里随意点的一道沙拉。仅仅是将手撕蔬菜装满一大碗，上面铺着一层金枪鱼，再加上橄榄油、盐和胡椒稍微搅拌一下，就成了超级简单又超级好吃的一道菜！

　　意大利的金枪鱼罐头不会切成鱼片，而是保持鱼肉原样。吃起来更有嚼头。其中我认为最好的就是巴莱纳公司的产品，那种连筋带肉的感觉真是让人欲罢不能。跟蔬菜配在一起就能大快朵颐，浇上油和醋，香味更馋得人口水直流，真是百吃不厌。

　　而且它的包装还格外可爱，上面有一头鲸鱼盯着你瞧。顺带一提，这个商标在当地一流餐厅也备受喜爱。

PROCESSED AGRICULTURAL FOODS

农产加工品

其实我还有很多产品想介绍给大家，但还是来到了最后一章。你可能会在这里遇见以前去餐厅吃饭时打听到的罕见产品。

　　在意大利食材界，很多食物原本都只是做给家人享用的，后来却成了全世界老饕们关注的焦点。比如从某个地区的田野间，或是国家公园级别的自然环境中采摘水果，拿到小作坊里做成的果酱。因为制作过程中不存在机械和添加剂这些方便的设备、材料，做出来的东西都是纯手工全天然的，完全保留了素材的味道。

　　在香辛料方面，有一款黑胡椒我希望大家一定要品尝一下。制作者名叫弗拉杰，他最初在自己家里研究咖啡烘焙，后来甚至成了意大利顶级的咖啡烘焙师，而现在他又把同样的热情倾注在了胡椒上。

　　最后还要提一点，我其实不太会喝酒。与之相对，甜食则多多益善，乐天网站上的人气甜品店应该都被我吃过一遍了（笑）。因此我也从意大利和法国各挑选了一种自己认为绝不可错过的点心放在这里介绍。

　　介绍了这么多我认为在世界末日前不得不尝的东西，其中必定包含了许多主观判断和个人感情。我并不打算强行给它们安上"最佳"的标签，除此之外还有很多很多好东西，但希望这本书能够让读者们在品尝美食时有所依凭，若能成为你邂逅改变一生的美食的契机，那我就更高兴了。

这种青酱只有热那亚才做得出来

罗伯特·帕尼萨 / 青酱

Pesto Genovese

新鲜罗勒采摘后马上用来加工。

原产国 / 意大利
原材料 / 特级初榨橄榄油、奶酪、热那亚产罗勒、
松子、食用盐、大蒜
价格 / 1490 日元（85g）

罗伯特先生的青酱

　　这种青酱被当地极具权威的美食杂志和消费者集体测试评价为全意大利（也就是全世界）最好吃的青酱。

　　打开罐子一眼就能看到大颗的松子。不仅如此，它还使用了奶酪之王帕马森奶酪，奶酪风味也十分鲜明。另外，里面的罗勒全都是正宗热那亚原产，是只有热那亚才能制作出的 DOP 青酱。

　　一打开瓶子就能闻到扑鼻的清香，让人忍不住想马上吃上一口。真正品尝过后，新鲜罗勒的口感，奶酪和松子的搭配都恰到好处。酱感浓稠，

在生产商纷纷追求高效率的工业化时，仍坚守小作坊制作的罕见生产者。因为一直没有针对跨国贸易来策划上品之作，这个品牌花了很长时间才得以进入日本，能够成为它在日本的第一家进口商，我实在是感慨万分。

口味清新，直接舔一口都觉得特别好吃！

帕尼萨家的食材店于 1947 年创业，是已经连续三代经营的老店。为了能给大家提供以传统配方严选材料制作的纯正青酱，罗伯特先生创立了这个品牌。他本人还担任石磨青酱世界大赛的审查委员长，其品位可谓是顶尖中的顶尖。

工房位于热那亚城中，面积只有 200 平方米，算是真正意大利特色的小生产者。整个企业都由家族经营，三个职人每天都用心进行每一道工序，因此无法大量生产。

我与这种青酱的邂逅，是在米兰举办的食品贸易展览会上。当时我根

本没有刻意寻找青酱，只是偶然在冷藏柜里看见，心想为何青酱会跑进冰
箱里？问过才知道这里面有不少讲究，便忍不住要过来品尝了一下。

罗勒制品一般都经过加热处理，这种青酱使用的却是新鲜罗勒，所以才
需要放在冰箱里。此外，一般青酱的颜色特别绿，这种青酱却有点发白。那
是因为里面加了很多奶酪和松子。当然，没有添加任何化学调味料。

这个味道极具冲击性，绝对会让任何一个品尝的人印象深刻，并且成
为其永远难忘的上等美食。

搭配老乡特飞面

机会难得，不如用它来搭配一下同为热那亚出产的手工短面特飞面试试吧。

在煮好的特飞面里加入适量帕尼萨家的青酱，再拌入 2 ~ 3 大勺面汤（1 人份）搅拌，就成了一盘热那亚传统美食。当然，用它来配长面也同样美味。

只能在维苏威火山脚下收获的原种番茄

皮耶诺罗番茄罐头

Pomodorini del Piennolo

将夏季收获的番茄悬挂放置，保存到秋冬

目前在日本番茄也是大家热议的食物，但我觉得，番茄真正的美味之处不在果实，而在果皮！尤其是风味浓郁的果皮。

说到这里，我想到一种很不得了的产品。

那是只能在那不勒斯附近少量采摘的皮耶诺罗番茄。自古便只有火山附近的农场会进行栽培，从未进行品种改良和农耕法改良，是一直延续到现代的非常罕见的传统品种。有种说法是，它最接近意大利人刚发明意面时使用的番茄的味道。

原产国／意大利
原材料／迷你番茄
价格／3024 日元（520g）

在那不勒斯市场上都很少能见到，只有内行人才了解的番茄。采摘后就会像标签插图中画的那样悬挂起来。

　　现在，它也只在维苏威火山国家公园内的农场才能栽培。熔岩形成的层积土壤能够促进温度上升，干燥的大地和强烈的日照带来了高度浓缩糖度和酸度的浓厚风味。

　　这种番茄表皮很厚，还采用了悬挂保存的罕见方法。用这种方法进行 2 个月熟成，切成两半装进罐头里就成了我要介绍的产品。

　　这是一种既非生鲜也非干果的奇怪状态。它不像普通番茄罐头那样添加填充液和盐分，换句话说就是 100% 原汁原味。

　　用锅一煮就能得到最美好的番茄酱。浓缩了充满个性的甘甜和酸味，为你的餐桌增添一分野生自然的美味。

总算遇到了能让我直呼感动的干番茄

半干燥油浸番茄

Pomodori Semi-secchi Sott'olio

让我兴奋不已的，就是这款超肥美鲜制品

这种干番茄，我会毫不犹豫地买下来！这个半干燥油浸番茄罐头不是用来做菜的，而是可以直接当菜吃。

因为用的是意大利番茄（罗马种），其外形跟著名的圣玛扎诺番茄差不多，同时还非常甜。不过意大利的番茄制品就是以甜为标准的。这种番茄不仅甜，还超肥美。

以前吃到的干番茄制品都因为干燥而无法体验到汁水四溅的口感，唯独这款与众不同。其中不仅保留了吃起来汁水四溅的肉质，还浓缩了诱人的香甜。

还有一点特殊之处在于，普通干番茄一般会装进罐头里销售，而它却是冷藏进口的鲜制品。咬一小口品尝过后，会让人想张大嘴吞掉一整个。

产地位于比萨山丘上的小村庄。卡萨·隆巴尔迪公司在这个如同绘画般美丽的环境中，以家族经营的形式，坚守着前人对味道和香气的记忆。

总之就是好吃，肥美，香甜！可以作
为小吃或前菜直接享用。

原产国／意大利
原材料／干番茄、葵花籽油、橄榄油、白葡萄酒醋、大蒜、
驴蹄草、意大利欧芹、百里香、食用盐、柠檬酸
价格／ 1624 日元（约 250g）

対胡椒的讲究，是种隐秘的乐趣

马力恰／沙捞越黑胡椒

Maricha

那种打通筋脉的强烈刺激，如果要打比方，就像个绝世好男人！

在遇到马力恰后，我重新认识到了香辛料的潜力。别看它只有小小一粒，却忠诚地发挥着自己的作用。只需撒上一小撮，就会让你感叹，味道竟能有这么大的变化？它竟然如此不同？

这种胡椒产自马来西亚沙捞越州某条河的流域，随着时间推移，河水流淌，其原生品种与古晋（Kuching）种杂交后就有了现在这个品种。

原产国／马来西亚（意大利加工）　　　　　　　　存在感极强，却有着温和清爽的刺激。

原材料／胡椒

价格／1274 日元（90g）

　　从树龄四至十年的树上采集成熟的果实，手工去掉表皮，在低温（85℃）烤箱中干燥数小时，再短时间烘烤。采摘后 24 小时内进行的所有作业都由一名职人来完成。

　　以前我认为胡椒只存在颜色之差，而沙捞越黑胡椒令我推翻了这种看法。原来品种和加工能让胡椒这种东西变得如此不同。

　　在用盐和胡椒这些简单调味品来制作肉菜和沙拉时，请务必尝试一下这种产品。

这种果酱难得一见

小小厨房 / 无花果杏仁酱

Marmellata di Fichi e Mandorle

不添加任何物质，只保留了纯真果味。
除无花果酱外，还有杏子酱。

原产国 / 意大利
原材料 / 无花果、白砂糖、杏仁、柠檬果汁
价格 / 1944 日元（250g）

农场位于世界遗产之内，从栽培到加工全程包揽

意大利南部巴西利卡塔大区，有被评为联合国世界遗产的马泰拉城。
这种果酱就产自这片日照强烈的土地。

农场几乎不使用任何肥料和农药，让应季果实充分吸收土壤中的矿物
成分。早晨 6 点开始人工采摘，运送到旁边的工房里一口气加工成果酱。
早上采摘的果实，到下午就变成了果酱！因为从不对果实进行冷冻，果酱
生产只在每年应季时节进行一次。

　当然，每年果实品质的不同都会让果酱的水分含量发生变化，2015 年的特征便是浓稠的果实感。

　这种令人意想不到的美味带来了独一无二的味觉享受。我可能从未遇到过如此风味十足的果酱吧。在意大利国内，人们似乎会用果酱来搭配佩科里诺奶酪，或者将其涂抹在肉片上食用。在日本，可以把它跟很容易买到的奶油奶酪倒在碟子里搅拌均匀，然后抹在饼干上，或用面包蘸着吃。

　不只是稀有，还要有益身体，更要美味，这才是"嗨"食材室搜寻食物的大前提。在店中少数几款果酱里，它可算是能让人格外兴奋的明星产品。

彼得罗·罗曼宁戈/蜜饯

Fu Stefano Confettieri

只用白糖加工的果中宝石

蜜饯（Frutta candita）从阿拉伯传到热那亚，成了当地的传统点心之一。制作蜜饯用的果实来自利古里亚大区，不经加热，也不装瓶或用真空包装，只用白糖腌渍保存。这可谓是糖渍点心的最高杰作。

虽说是糖渍点心，但吃起来的感觉更像水果。确切地说，是比水果感觉更像水果。首先，它的香味就很了不得。果肉风味经过浓缩，让每一颗果实都充满了压倒性的存在感。含在口中能品尝到接近鲜果的口感，同时白糖也增添了温柔而上品的甘甜，让人印象深刻。为什么蜜饯能做出这种

为你送上柑橘、枇杷、梅子、杏子、洋梨、桃子、草莓等各季节的美味。

感觉，我实在是难以想象。

一切工序都由技术娴熟的蜜饯匠人来完成。去除果皮和果核后，在果实上开孔促进糖分渗透，再用大概 15 天时间让整个果实都浸透糖分。

制作者是热那亚的一间老店。1780 年创业时是药店，后来又慢慢发展成了蜜饯点心铺。这种蜜饯刚被制作出来时，曾经被选为意大利王室贡品，其口碑迅速扩散开来，据说还成了王室婚礼的御用点心。而这家点心铺的规模和配方直到现在都从未改变过。

毫不吝啬时间一点点精心制作而成的、专为成年人准备的点心，适合用来搭配奶酪、意式浓缩和白兰地。

1 柑橘
2 梅子
3 车厘子
4 橙子
5 杏子
6 洋梨
7 无花果
8 枇杷

原产国／意大利
原材料／各种水果
价格／ 4158 日元（6 颗装）

农产加工品

包裹贵腐酒葡萄的巧克力

苏玳金葡萄夹心巧克力

Verdier artisan Chocolatier

原产国 / 法国
原材料 / 葡萄干、巧克力、白砂糖、葡萄糖、
果酒（贵腐酒）、香精、增白剂
价格 / 2700 日元（95g）

在巧克力的包裹中继续熟成，令人惊叹的高贵香气

　　将金色葡萄干浸泡在波尔多最高级的苏玳贵腐酒中，再用 70% 可可的巧克力层层包裹。

　　打开瓶盖，就能闻到扑鼻而来的贵腐香气。拿起一颗放入口中，酸甜柔滑的芳醇霎时扩散开来，让人欲罢不能。但是请务必忍住一口气吃光的冲动，把美味留待日后享用。因为葡萄会在巧克力里继续发酵，稍微放置一段时间，就能获得更高贵的酒香。

　　维迪尔（Verdier）公司所在的波城距离苏玳产区只有几小时路程。据说，一走进城中首先就能闻到那个香味。那里也是我有朝一日想去看看的地方之一。

后记

感谢您一直读到最后。这本书还有许多不足之处，但我想向人家传达的，就是"美味"二字。

因为希望让大家知道美味的理由，我便写成了上面这些内容。

能做出选择，并明确解释选择的理由，这样的世界其实很有意思。如果购买的理由很明确，那将要制作的料理也会变得明确起来，对品尝料理的人也能做出详细的说明。没有任何东西能拥有如此的力量，那样做出的料理是闪耀着光芒的。面对一份闪耀着光芒的料理，朋友们肯定都会露出笑容。

我为那样的客人憧憬着这种世界，并因此而创建了"嗨"食材室。自诩为领头人，去追寻不为人知的美味，以及日常食材中本质性的价值。在线购物的好处在于，它一直都是买方市场，相对于卖场条件和供给的稳定性，人们会更加重视味道的好坏。只要有需求，我们就会从世界各地搜罗到客人想要的东西，那是一种无上的幸福……

我希望"嗨"食材室能够一直保持自己的特色，向客人提供其他地方买不到的东西、以前不知道的东西、能令他们心满意足的东西。这个想法是我的出发点，也是至今仍未改变的目标。这九年间，我的业务伙伴变多了，商品数量变多了，愿意给予我协助和支持的人也变多了。

到国外出差时邂逅的热心生产者和全凭主观任性拿货的进口商，他们拒绝杂志采访也极少抛头露面，他们的货品唯有内行人才知晓，一般人根本不知道，不如说那反而是他们希望的效果！但存在对这些与众不同的食物孜孜以求的客人们，"如果能让那些人笑逐颜开该有多好啊！"就是我的心愿。

与某个人共进晚餐，尽情交谈，尽情欢笑。这个情景就发生在餐桌边，桌上就摆着料理。笑过以后心情舒畅，第二天又能努力生活。而美味无疑是活力的源泉，若能一直如此，说不定连人生都会发生改变。

因为支撑人生的是笑容，而为了那些笑容，我们能做到的，便是在"食"上下功夫。

围坐在餐桌旁享受美食谈笑言欢。我希望能为这样的场景尽一份心，希望为某个人展露笑容出一份力。直到世界终结，我都不会放弃这个坚持。

2015 年 10 月　丸冈武司

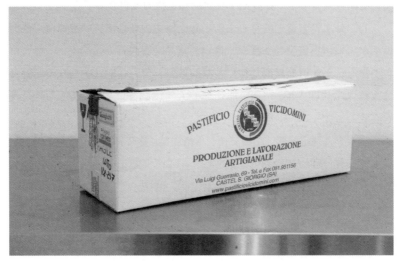

本书介绍的食材全部来自 ——

"嗨"食材室

暗号是"搜罗世界美食",

为每个家庭送上全世界的美味食材,

驻扎乐天市场的线上食材店。

希望能传播生产者制作的美味食材和他们的想法,

希望让大家知道更多日本没有的罕见美味。

说到底其实还是因为,

对美食的热情与深爱。

仿佛身体的每一寸都在抒发着那种心情。

或许有些小小的奢侈,

但其中却蕴含着无论何时都能带来笑容的力量。

我们坚信,那个力量还能改变人生。

* P171 中提到的乐天市场"嗨"食材室商品在中国的网上没有贩卖。

* 本书标注的参考价格为 2015 年 9 月时价。一些商品价格会出现波动,或因为重量变化而导致价格变化。购物时请务必确认商品页面显示的价格。

* 无法保持稳定供给的商品会根据时期变化显示"售罄"或"结束销售",请等待重新上架后购买。

* 根据时期和生产商的情况,本书介绍的商品包装可能与实际到手的商品包装不同,敬请知悉。

TRUFFE
言っていたのもつかの間、気が付いたら
肌寒い季節の到来を感じる毎日です！気
が付いたら肌寒い季節の到来を感じる毎
日です！気が付いたら肌寒
詳細はコチラをクリックしてください

Foie Gras de Canard Fresh
パリにブティックを持つフォアグラの名
店！ラフィットのフレッシュフォアグラ
となります。最も美味しいフォアグラを
紹介してほしい！そんな方必見です！
詳細はコチラをクリックしてください

今日の
イベント

今日開催中のイベントをご紹介中
毎日会内容を変えて開催させて頂いてい
るハイ食材室のイベントをズバッとご紹
介しております！
詳細はコチラをクリックしてください

これがマグレの輝きです

Foie Gras de Canard Banque
バスク産のフォアグラを食べた事があり
ますかフランスとスペインの国境の合
併にある小さな共和国で作られるフォア
グラも旨いです。も一色々なフォアグラ
があるので、どれにすればいいか決めら
れなくて且、まずはお試ししてみたいと
いうお客様であれば是非一度バスクを試
して頂くのも良いかなと思います。
詳細はコチラをクリックしてください

Fresh Foie Gras De Canard
Size 380-420g

Foie Gras de Canard Fresh
俺（まるおか）とフォアグラの専門家と
して僕が信頼する杉山さんとのフォアグ
ラについての対談！ま一そんな大した対
談ではありませんが、昔ながらのフォア
グラを販売したいそんなフォアグラを紹
介したい！そんな思いから皆様にご提案
している商品です。
詳細はコチラをクリックしてください

Maglet de Canard
フォアグラ採取後の副産物と言われ、
元々農家の方だけがわずかに食べられて
いた最高級品！フォアグラを採取した後
に取れる鴨のロース肉です
詳細はコチラをクリックしてください

Salsiccia
イタリア伝統のソーセージで、サルシッ
チャと言います。天然のケーシングにミ
ンチされた新鮮な豚肉と脂身とハーブを
腸詰めした製品です！
詳細はコチラをクリックしてください

Vinaigre de Mangue
一流のシェフも愛用する、伝統的な製法

Parmigiano Reggiano　2312
カザイフィーチョ・ジェンナーリが手
掛ける工場固定2312番のパルミジャー
ノレッジャーノとなります。このレッジャ
ーノを食べたらもう他のレッジャーノは
食べられないかもしれません。
詳細はコチラをクリックしてください

PROSCIUTTO
ITALIA
Tutto Affettato a Mano

CLASSIC ITALIAN PROSCIUTTO

Prosciutto「手切りのプロシュット」
手切りのプロシュットとなります。こち
らはハイショクラボで手で一枚づつ18ヶ
月以上のプロシュットをスライスした製
品となります。特別品です！
詳細はコチラをクリックしてください

「サルバーニョ2015年」ノヴェッロ

olio d'oliva
ベローナ！いわゆる北イタリアで最も有
名なオリーブオイルです。有名な理由は
現地のオリーブオイル品評会で常に高い
評価を得ているからです。その味は素
晴らしくそのコストパフォーマンスも半
端ないな逸品！そんなサルバーニョから
ノヴェッロが今年も入荷致しましたの
で、ご紹介させて頂きます。
詳細はコチラをクリックしてください

STAFF

摄影：　　　　丸冈武司（"嗨"食材室）、

　　　　　　　盐谷智子（hue）前言页、P2、P4、P5、P168、P169

协助创作：　　深谷惠美

合作：　　　　DRESS TABLE 公司

SPECIAL
THANKS
P12 照片提供：　奥切利先生（La Masca in Cucina）